リチウムイオン電池が未来を拓く

発明者・吉野 彰が語る開発秘話

吉野 彰

シーエムシー出版

重版によせて

筆者は２００４年にシーエムシー出版より『リチウムイオン電池物語』を出版した。この本ではリチウムイオン電池のフラスコ、ビーカースケールからの基礎研究から事業化、市場の立ち上がりの経緯とその過程にあった様々なエピソード、苦労話について執筆した。この本が執筆された２００４年当時は、世界規模でＩＴ社会化が進行し一般の方々が携帯電話、ノートパソコンを持ち歩くのがごく当たり前になっていた時期でもあった。今から振り返るとこのＩＴ変革という大きな変化は Windows 95 の市販が開始された１９９５年からスタートしていたことは間違いのない事実である。リチウムイオン電池の市場が急激に立ち上がっていったのも１９９５年からであった。しかしながら、世界がＩＴ社会に向かって動き始めたことに私も含めて１９９５年当時の一般の人は気が付いていなかったと思う。これがＩＴ社会だということが一般の人にも認識され始めたのはWindows 2000の市販が開始された２０００年頃ではなかったであろうか。携帯電話でいえば３Ｇ世代に移行し、本格的に普及し始めたのもこの頃であったと思う。

本書の出版から10年以上経過した現在では、Windows 10の時代となりパソコンの高機能化、通信速度の超高速化により１９９５年当時では信じられないようなＩＴ世界が実現した。また、携帯電話も今では「ガラ携」と称されるようになり「スマートフォン」に完全にとってかわられた。リチウムイオン電池はＩＴ変革の中では脇役的な製品ではあったが、研究の初期から携わってきた私にはこのＩＴ変革の経緯を目の当たりに実感してきた。

その私の目には、これから起こる大きな変革の兆しが見える。しかも、次の大きな変革はＩＴ変革よりもっと大きな変革であるように見える。これから起こる変革を私は「ＥＴ変革」と称するべきだと思っている。ＥＴ変革の語源はEnvironment & Energyが次の変革のItemであるからである。

この「ＥＴ変革」の先陣を切るように現在進行しているのが自動車の世界である。自動車の電動化という具体的な動きが出てきたのは２０１０年であったと思う。この自動車の電動化という動きは紆余曲折を経ながらも確実に未来の世界に向かって進んでいる。但し、単に電動化という技術だけで未来の世界が実現するわけではない。他の技術と融合することが必須である。この他の技術との融合として期待しているのは自動車の無人自動運転技術である。自動車の電動化と無人自動技術が融合すると大きな社会変革をもたらす可能性を秘めている。この世界を実現する上でリチウムイオン電池の技術は重要な役割を果たさなければならない。

ＥＴ変革がどのような世界を創造していくのかは今は誰にもわからないが、２００４年に出版した本書をもう一度読み直していただくことにより何かヒントを得ていただければ幸いと思う。

２０１６年９月

吉野　彰

本書は２００４年発行の「リチウムイオン電池物語―日本の技術が世界でブレイク―」を再編集したものです。

はしがき―リチウムイオン電池ってなに？―

日本で生まれたリチウムイオン電池は、現在世界中で10億個以上生産され、世界中の携帯電話、ノートパソコン、デジカメ、ビデオカメラなどの携帯機器を動かしている。

リチウムイオン電池はこの10年間で急激に伸びてきた新型二次電池である。

リチウムイオン電池を専門用語で表現すると「カーボンを負極とし、$LiCoO_2$（コバルト酸リチウム）を正極とする非水系有機電解液二次電池」ということになる。

何やら難しそうな話であるが、そんなことはない。「カーボン」は要するに炭である。「$LiCoO_2$（コバルト酸リチウム）」は金属酸化物の一種であり、セラミックスの一つと考えていただければよい。

「非水系有機電解液」は耳慣れない言葉かもしれないので少し説明しておきたい。

電池にはイオンを含んだ電解液というものが必ず必要であり、普通の電池はイオンが

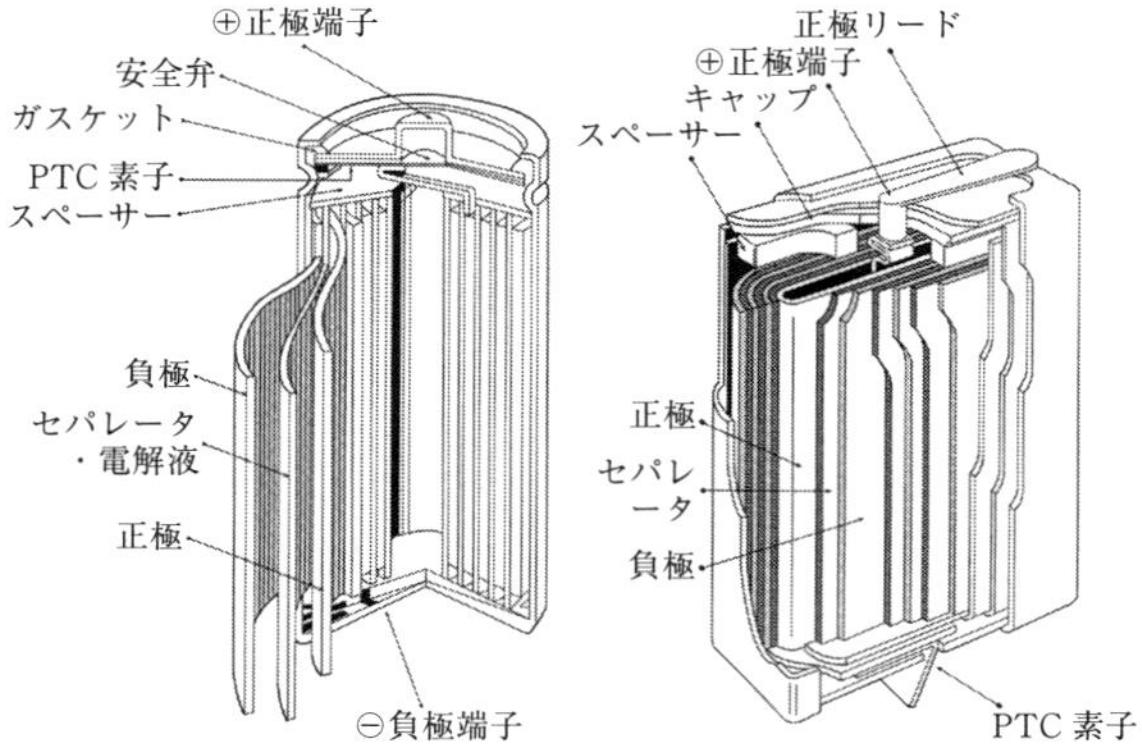

図　リチウムイオン電池の構造
（出典：㈱エイ・ティーバッテリーカタログ）

溶けた水を電解液に使う。「非水系有機電解液」とは水ではない、すなわち有機溶媒にイオンを溶かした電解液のことである。

このリチウムイオン電池の詳しい内容と開発経緯について以下の章で述べていきたいが、その構造だけ簡単に説明しておきたい。

上の図はリチウムイオン電池の構造を示したものである。左は円筒型のリチウムイオン電池であり、主としてノート型パソコンに用いられる。右は角形のリチウムイオン電池であり、主として携帯電話用に用いられている。

リチウムイオン電池の特徴を一言で言えば、エネルギー密度が非常に大きいこと（小型・軽量）、起電力が4.2Vと非常に高いことである。

このリチウムイオン電池が世の中に出たことによって、携帯電話、ノート型パソコンが世界的に普及できたと言っても過言ではない。

日本を発信基地として世界でブレイクした新技術、リチウムイオン電池開発秘話を中心に研究開発への取り組み方や考え方などを述べてみたい。こうした新技術を次から次に世界に向けて発信していくことが技術立国日本の生きる道と思う。将来の技術立国日本を実現するのに本書が役立てば幸いである。

２００４年８月吉日

吉野　彰

目次

第1章　リチウムイオン電池はここから始まった

■1981年はどんな年？

1981年のできごと

皆さんがお持ちの携帯電話の電源ケースを開けていただくと「リチウムイオン電池」[1)]とか「Li-Ion 電池」と表示された電池が出てくると思う。これが私の開発したリチウムイオン電池である。この新型電池の開発を始めたのは1981年のことである。

1981年とはどんな年であったのであろうか。その年の主な出来事を表1・1にまとめてみた。実は1981年には科学技術の分野でもう一つ大きな出来事があった。それは福井謙一教授のノーベル化学賞の受賞である。ノーベル化学賞はこの時が日本で最初の受賞であった。リチウムイオン電池の開発は、実はこの福井謙一教授のノーベル化学賞受賞と密接な関係がある。

表1.1　1981年の出来事

ヒット曲	「ルビーの指輪」（寺尾聰、レコード大賞を受賞） 「みちのくひとり旅」（山本譲二） 「長い夜」（松山千春） 「セーラー服と機関銃」（薬師丸ひろ子） ピンク・レディーの解散コンサート
ヒット TV番組	「オレたちひょうきん族」 「北の国から」 「なるほど！ザ・ワールド」 「Dr.スランプアラレちゃん」
ヒット 映画	「インディ・ジョーンズ」 「さよなら銀河鉄道999」 「ブッシュマン」
ベスト セラー	「窓ぎわのトットちゃん」（黒柳徹子） 「人間万事塞翁が丙午」（青島幸男） 「なんとなくクリスタル」（田中康夫）
日本の 政治経済	鈴木善幸総理大臣 円相場216円（11月24日） スタグフレーション
中国の 政治経済	鄧小平が再復活、市場経済に向けて舵を切り始めた
韓国の 政治経済	第二次石油危機の後遺症で経済状態は最悪
欧米の 政治経済	米国大統領カーターからレーガンへ
科学技術	シャープポケコン「PC-1500」 パイオニア「レーザーディスク」発売 スペース＝シャトル（コロンビア）初飛行成功

フロンティア電子論

福井謙一教授の受賞対象となったのは「フロンティア電子論」という新しい理論であった。「フロンティア電子論」とはごく簡単に説明すると「物質を構成する分子が有している電子の動きをコンピュータで計算することにより、物質の物性や化学反応性を予測しようという理論[2]」である。

一般に分子は電子対を共有することにより結合している。有機化合物の基本骨格である炭素—炭素結合の例でいえば、(1)式のとおり一対の電子を共有することにより炭素—炭素の一重結合が形成される。この一重結合に関与している電子をσ電子（シグマ電子）という。また二対の電子を共有すると炭素—炭素二重結合が形成される。(2)式のとおりである。

この二重結合の場合、一本目の結合は一重結合の場合と同じくσ電

$$\mathrm{C}\cdot \quad \cdot\mathrm{C} \longrightarrow \mathrm{C-C} \qquad (1)$$

$$\mathrm{C}: \quad :\mathrm{C} \longrightarrow \mathrm{C=C} \qquad (2)$$

$$-\mathrm{C=C-C=C}- \qquad (3)$$

$$-\mathrm{C}\overset{\cdots}{-}\mathrm{C}\overset{\cdots}{-}\mathrm{C}\overset{\cdots}{-}\mathrm{C}- \qquad (4)$$

子であり、二本目の結合に関与している電子はπ電子（パイ電子）と呼ばれる。とくに前記の一重結合と二重結合が交互につながった構造を共役二重結合といい、(3)式で示される。

しかし、この共役二重結合の場合、(3)式は正確な表現ではなく、実際の電子の状態は(4)式のようになっている。つまり、共役二重結合の場合、二重結合を形成しているπ電子は、一ヶ所にじっとしているわけではなく動き回っており、結果的に共役二重結合全体に均一に存在していることになる。こうしたことがコンピュータ計算で理論的に導きだされるのである。

この理論的に計算された結果をもとに、物質の物性や化学反応性を予測しようというのが「フロンティア電子論」である。

本来、化学というのは実験をしてどういう反応が起こるかを確認してみないと何が起こるかわからない学問である。しかしこうした理論計算で反応を予測できたり、物性を予測できれば実験をしなくても有用な物質や特性を短期間で見出すことが可能となる。

事実、現在では医薬の薬効や副作用、さらには発がん性の有無の判断も可能となっており、社会的に非常に貢献している。

電気が流れる理屈

(4)式に話を戻したい。共役二重結合の中ではπ電子が自由に動き回っていると述べた。もし、この共役二重結合が無限につながった物質があったら、どういう特性が期待されるであろうか？　そう。電気が流れるはずである。

つまり電気が流れるプラスチックができるのである。理由はおわかりであろう。無限につながった分子の端から端までπ電子が自由に動き回っているのである。電子が自由に動くということは電気が流れるということなのである。

つまり金属と同じことなのである（金属の場合はπ電子ではなく自由電子という点は異なるが）。では共役二重結合が無限につながった物質とはどんなものであろうか。もっとも簡単なのは(5)式の物質、ポリアセチレン[3]である。

導電性高分子ポリアセチレン

このポリアセチレンはアセチレンガス（ガス溶接に使う茶色のボンベに入ったガス）を(6)式のように重合させることで作る（作れるはずである）。このアセチレンガスは三対の電子が結合した三重結合を有しており、この3本目の結合に関与している電子を別のアセチレンガスの電子と(6)式のとおりに結合させると、(5)式に示すポリアセチレンができるのである。

　実は多くの人がこのアセチレンガスの重合を試みたが、できたものにはまったく電気が流れなかった。それもそのはず、重合がきれいに進まずに共役二重結合が途中で切れてしまったため、(5)式のように無限につながった物質は得られなかった。これでは電子は自由に動けない。

　本物のポリアセチレンを世界で最初に発見したのは、２０００年にノーベル化学賞を受賞した白川英樹教授である。白川教授はアセチレ

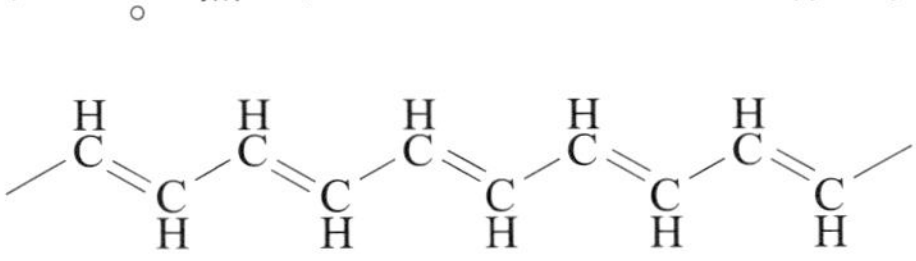

(5)

$$HC\equiv CH \longrightarrow -\!\!\left(CH=CH\right)\!\!-_n \qquad (6)$$

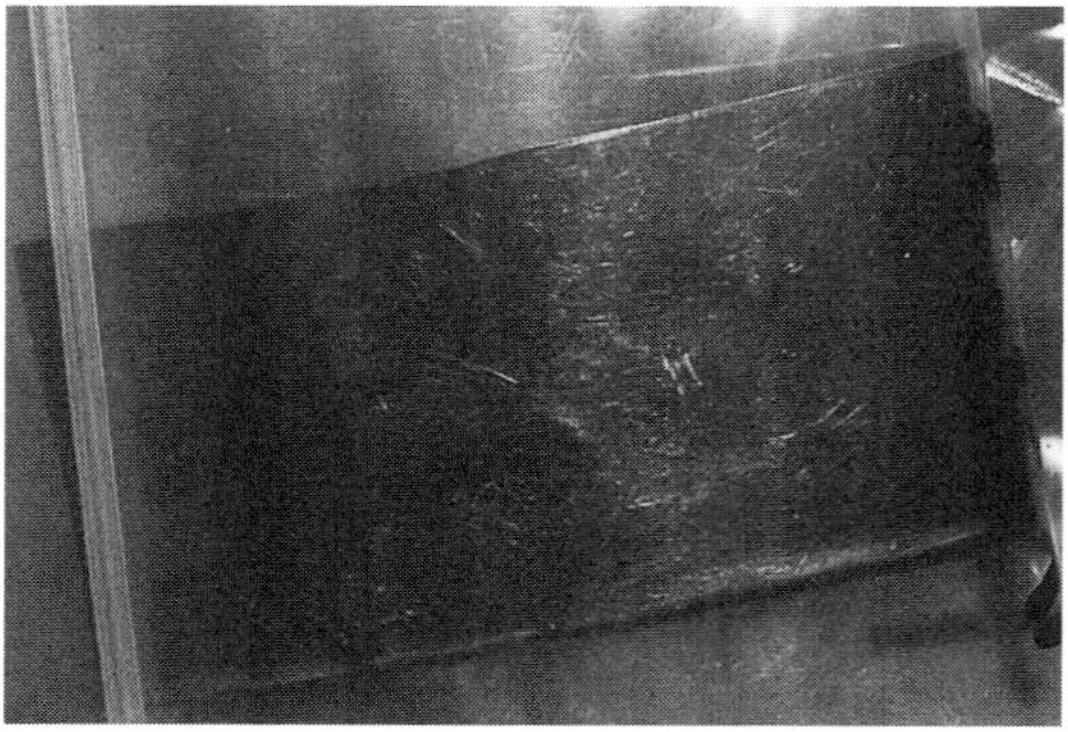

写真 1.1　22 年前のポリアセチレン
（2004 年 8 月撮影）

ンガスの薄膜重合法という特殊な方法で、金属光沢があり、しかも本当に電気が流れるポリアセチレンを見つけたのである。まさに理論的に予見されていた導電性が実験的に証明されたのである。これも１９８０年頃のことである。

写真１・１は著者が１９８２年に作ったポリアセチレンを２００４年８月に撮影したものである。なんと22年後もちゃんと金属光沢を維持し続けていた。もちろんこのサンプルはフラスコに完全密封し、空気に絶対触れないように保存してあったものである。

■プラスチックが電池になる？

ポリアセチレンの特性とひと味ちがうところ

白川教授が発見したポリアセチレン[4)]は金属光沢の外観だけでなく、次のような驚くほど多様な特性を持っていた。

①　電気を通す　↓　つまり銅線のかわりになること
②　半導体にもなる　↓　つまりトランジスターになること
③　光起電力がある　↓　つまり太陽電池になること
④　電気化学的に電子を出し入れできる　↓　つまり二次電池になること

もう一度ポリアセチレンの構造(5)式を見ていただきたい。

一方、私たちにもっとも身近なプラスチックであるポリエチレンの構造は(7)式である。

またこのポリエチレンはエチレンガスを(8)式のように重合させることで作る。

(5)式と(7)式と比べて、骨格はほとんど同じで、違うのはポリアセチレンの場合、二重結合が一つ置きにならんでいる（共役二重結合）点だけである。

たったこれだけの違いでポリアセチレンの性質とポリエチレンの性質は天と地ほど違ってくる。二重結合に関与しているπ電子、とくに共役二重結合になっている時のπ電子がいかに驚くべき働きをしているかがおわかりいただけると思う。[5)]

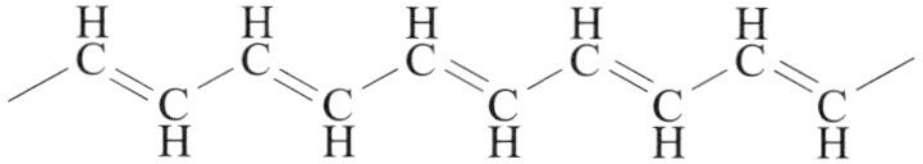
(5)

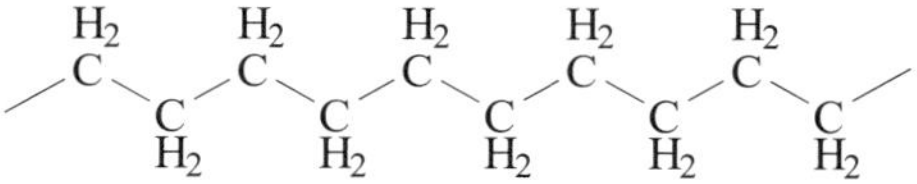
(7)

$$H_2C{=}CH_2 \qquad —\!\!(CH_2-CH_2)_n\!\!— \qquad (8)$$

■新型電池開発への端緒

電池いろいろ

ポリアセチレンは前記①〜④のような機能を有していたが、私はこの中で④電気化学的に電子を出し入れできて二次電池になる、という点に特に関心を抱いた。その理由を説明する前に少し電池のお話をしなければならない。

表1・2は我々が日常使っている電池[6)]を分類したものである。表1・2に示すように電池は大きく4種類に分類することができる。まず1回使ったらそのまま捨ててしまう一次電池と、使い切った後充電によって再使用する二次電池に分かれる。

そして、電池に用いる電解液が水系か非水系（水ではなく有機溶媒を用いた電解液）でまた二つに分かれる。私たちが日常懐中電灯や電気時計等に使っている、いわゆる乾電池と称している電池が水系一次電池である。これにはマンガン乾電池、アルカリ乾電

表 1.2　電池の分類

	水系電解液電池	非水系電解液電池（高電圧・高容量）
一次電池（使い捨て）	マンガン乾電池 アルカリ乾電池	金属リチウム一次電池
二次電池（充電再使用）	鉛電池 ニッカド電池 ニッケル水素電池	

池などがある。

自動車に搭載されている鉛電池や小型機器に使われているニカド電池、ニッケル水素電池などは充電で何度も再生使用できる水系二次電池である。この水系の電池は簡便に使えていいのだが、原理的に起電力（電池が発生させることのできる電圧）を高くすることはできない。理由は簡単で、水の電気分解電圧（1.2－1.5Ｖ）以上の電圧になると電解液の水が電気分解してしまうからである。

非水系電池のいいところ

この点で有利なのが電解液に水を使わない非水系電解液（水ではなく有機溶媒を用いた電解液）の電池である。この非水系電解液は電気分解する電圧が水に比べてはるかに高く、高い起電力を得ることができる。

１９８１年当時、この非水系の一次電池はすでに世の中にあった。これが金属リチウム一次電池であり、起電力が高く、容量も水系の乾電池（一次電池）に比べはるかに大きかった。この金属リチウム一次電池は現在も使われている。銀塩写真カメラのストロボ電源に使っている電池がそれである。

ポータブル機器と二次電池

一方この当時はビデオカメラのような電子機器のポータブル化が始まった頃でもあり、「ポータブル」という言葉が流行りはじめた時期でもあった。

ポータブル化のためには当然電源が必要になる。しかも何度も繰り返して使わねばならないので二次電池でなければならなかった。

もう一度表１・３を見ていただきたい。当時は水系の二次電池しかなかったのである。

ポータブル化というのはもともと据え置きの機器を小型軽量化して持ち運べるようにす

表 1.3　なぜ非水系二次電池は無いの？

	水系電解液電池	非水系電解液電池 （高電圧・高容量）
一次電池 （使い捨て）	マンガン乾電池 アルカリ乾電池	金属リチウム 一次電池
二次電池 （充電再使用）	鉛電池 ニッカド電池 ニッケル水素電池	**なぜ無いの？**

るものである。当然、電源として使う電池も小型軽量のものでなければならない。水系では無理だったのである。小型軽量化ということであれば、当然非水系二次電池ということになるのであるが、これがなかったのである。

火を噴く電池

なぜなかったのだろうか？

実は精力的に研究は行われていたのである。金属リチウムを負極に用いた一次電池があったのであるから、当然これを二次電池化するという研究が古くからなされていた。しかし、その研究はことごとく失敗し商品化できなかった。金属リチウムの化学的反応性が高く、二次電池にした時に安全性を維持できなかったのである。

写真1・2を見ていただきたい。写真1・2は金属リチウムを負極に用いた二次電池を破壊テスト（電池の上から鉄塊を落とし何が起こるかを確かめるテスト）という安全性試験を行った時の実際の写真である。鉄塊が落下して電池が破壊された（AM10:36:18）後、約20秒後（AM10:36:37）には激しく燃えている。このような安全性に難ありという大きな問題のために非水系二次電池[7]は商品化できていなかったのである。

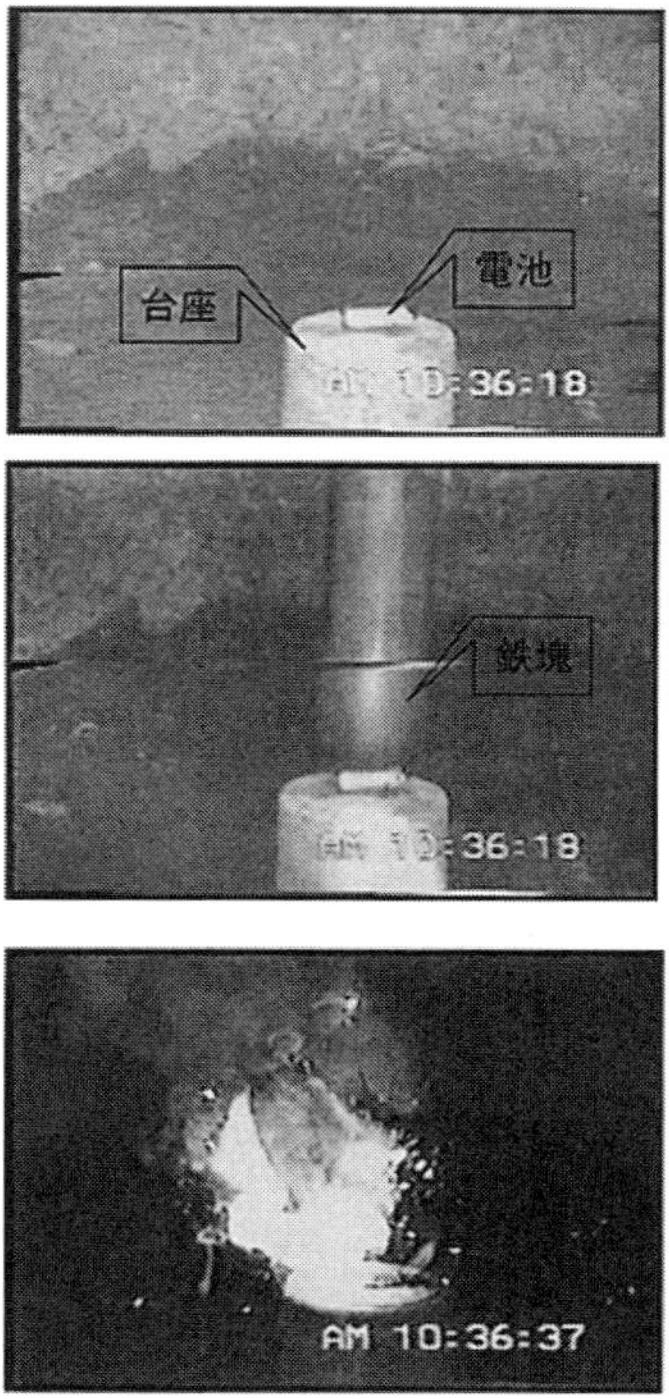

写真 1.2　鉄塊落下実験（その１）

電池の部品としてのポリアセチレン

話はポリアセチレンに戻る。ポリアセチレンが電池になるという原理を簡単に説明すると次のとおりである。

ポリアセチレンの構造は(5)式のとおりであり、共役二重結合のπ電子が自由に動き回っていることは先に説明した。ポリアセチレンに電圧をかけることにより、このπ電子を抜いてやることができる。π電子を抜かれたポリアセチレン（以下ＰＡと示す。また電子をe^-と示す）は当然＋（プラス）に荷電する。式で示すと(9)式のとおりである。

これがｐ型ポリアセチレンというものであり、この逆反応も簡単に起こる。すなわち充電放電のできる二次電池になるのである。このｐ型ポリアセチレンは二次電池の正極としての可能性が期待された。逆に(5)式のポリアセチレンの共役二重結合に新たな電子

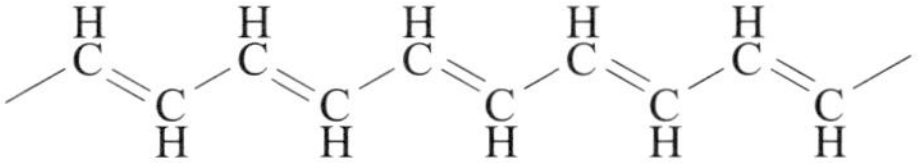

(5)

$$\mathrm{PA} - e^- \longrightarrow \mathrm{PA}^+ \qquad (9)$$

$$\mathrm{PA} + e^- \longrightarrow \mathrm{PA}^- \qquad (10)$$

を入れることもできる。余分の電子が入ることになるので、ポリアセチレンは当然－（マイナス）に荷電する。式で示すと⑽式のとおりである。

これがｎ型ポリアセチレンというものであり、この逆反応も簡単に起こる。すなわち充電放電のできる二次電池になるのである。このｎ型ポリアセチレンは二次電池の負極としての可能性が期待された。

人とは異なる選択と挑戦

ポリアセチレンは前述のとおり二次電池の正極にも負極にもなるという、他の物質にはないおもしろい性質を有していた。こんな不思議な性質をもたらすのはやはりπ電子の仕業なのである。

当時このポリアセチレンを二次電池にしようという研究者の大半はｐ型ポリアセチレンに目が向いていた。理由は４Ｖ以上という従来にはない高い起電力を有することと、空気や水の影響をあまり受けず扱いやすいという点にあった。

しかし私はあえてn型ポリアセチレンに注目した。[8] その理由は一見不安定に見えることのn型ポリアセチレンが、水を完全に抜いた無水の状態にしてやるときわめて安定であることを見出していたことと、何よりもこのn型ポリアセチレンを負極に使うことができると金属リチウムを用いる必要がなくなる。これは永らく非水系二次電池の実用化を阻んできた安全性という大きな課題をクリアできると確信したからである。

こうして現在のリチウムイオン電池につながっていく長い道のりの研究がはじまった。以下の章では、この後の商品化に至るまでの経緯をエピソードを交えながら述べていきたい。

また、このリチウムイオン電池という新規な商品開発の具体例を通じて読者の皆様に新規製品開発の重要性、新規製品開発がいかに困難の連続であるか、それを乗り越えていくにはどうすればよいか、といった点を感じ取っていただければ幸いである。それが次の新しい製品開発に役に立てばと思っている。

お役立ちメモ

1)
リチウムイオン電池の代表的な使用例としては、携帯、ノートパソコン、携帯オーディオプレーヤー、デジカメ、ハンディカムなど。

2)
フロンティア量子論：もう少し説明すると、分子の中でどことどこの部位が反応しやすいか等を理論的に推測するものである。

3)
いろいろなテキストや授業などでアセチレンは頻繁に見かけるが、ポリアセチレンを見たことがある人は実はとても少ないのではなかろうか。

4)
有名な話であるが、白川博士のポリアセチレンの発見も実験の失敗から見つかった。触媒の濃度の単位を1つ（1,000倍）間違えたとかなんとか。

5)
最近、プラスチックのトランジスタ（有機トランジスタ）の開発が盛んである。まだ性能（動作周波数）は低いが将来が楽しみである。

6)
乾電池も小電流でゆっくり充電すれば再使用も不可能ではない（そういう充電器もある）。しかし、爆発や液漏れなど大変危険なのでやめておこう。

7)
リチウムイオン電池も電解液に有機溶剤を使用しているため、可能性は低いとはいえ発火の危険性は残っている。現在、難燃化の方法を鋭意研究中である。

8)
研究開発も経営戦略も、人と同じばかりでは大成功は難しい、という点でよく似ているのではなかろうか。違ってばかりでは困ることも多いが・・・

第2章　運命の会合―正極材料―

■正極の探索

既知の電極を試してみた

n型ポリアセチレンを負極に用いるという発想で研究を開始した。電極の研究の場合、まずは単極評価といって、負極なら負極だけの評価を行い、その良し悪しを判断しながら改良を進めていく。ポリアセチレン負極をこの単極評価で進めていくと、アセチレンを重合する方法、電解液の種類とその純度等の改良により当初に比べ格段に性能が上がってきた。ますますポリアセチレン負極という材料に自信を深め、単極評価ではなく実際の電池を試作して特性を確認しようとした。[9)]

しかし、ここで大きな問題点に直面した。使える正極がないのである。もちろん当時、極めて多数の非水系二次電池の正極材料が知られていた。化学式で恐縮だが、例を挙げると表2・1のとおりである。しかしこれらがことごとく使えなかったのである。理由

表 2.1　非水系二次電池の正極材料

TiS_2	$NiPS_3$	MoS_3
VSe_2	$FePS_3$	Cr_3O_4
V_2S_5	$CuCo_2S_4$	V_6O_{13}
$Fe_{0.25}V_{0.75}S_2$	CuS	V_2O_5
$Cr_{0.75}V_{0.25}S_2$	$NbSe_3$	MoO_3

は簡単であった。

「使えない」理由

前述のようにもともと非水系二次電池の正極材料は金属リチウムを負極に用いることを前提に考えられてきた。金属リチウムを負極に使う場合には、これらの正極材料をまったく問題なく使うことができた。

当時の代表的な正極材料であった TiS_2（二硫化チタン）を例に説明しよう。Li（金属リチウム）を負極に、TiS_2（二硫化チタン）を正極に用いて電池を作り、放電させると⑾式のように負極の金属リチウムがリチウムイオンとなって正極の TiS_2 に取り込まれる。また逆に充電により TiS_2 に取り込まれたリチウムイオンが放出され、負極で金属リチウムに戻る。この繰り返しで二次電池として問題なく機能するのである。

非水系電池の場合には、このリチウムイオンが正極または負極に含まれていなければ電池として機能しないのである。

金属リチウムを負極に用いた電池の場合には、放電によって自分自身がイオン化してリチウムイオンを生成するので、⑾式の電池反応がスムーズに進むのである。逆に言えば正極にはリチウムイオンが含まれていてはいけないのである。

しかし、ポリアセチレン（ＰＡ）を負極に用いた場合にはどうであろうか？ ⑿式のようになるが、これでは電池にはならない。負極にも正極にもリチウムイオンがないのである。これではポリアセチレン（ＰＡ）というよい負極が見つかっても実際の二次電池を作ることができない。大変な暗礁に乗り上げた。

$$Li + TiS_2 \longrightarrow LiTiS_2 \quad (11)$$

$$PA + TiS_2 \longrightarrow ????? \quad (12)$$

■運命の会合

悶々とした1982年の年の瀬

組み合わせるべき正極がないという難題に直面し、悶々とした日々を過ごしていた1982年の年末。仕事納めの日、午前中に大掃除が終わり、午後はとくにやることがなかったので、取り寄せたまま目を通す時間のなかった資料を読んでいると、思いもよらない文献が出てきた。[10)]

当時オックスフォード大学のグッドイナフ教授が1980年に発表した論文である。それによると、$LiCoO_2$という化合物が二次電池の正極になるというのである。しかも4V以上の高い起電力を有しているという。ただし、組み合わせるべき適切な負極がないという主旨の内容も書かれていた。

—どういうことだ?—

金属リチウムを負極にして$LiCoO_2$を正極にしようとするとどうなるだろう？ (13)式である。両方にリチウムがある！ これは無駄であり意味がない。ではポリアセチレンと組み合わせたらどうだろうか？ (14)式である。

—うまくいくではないか—

まさにこういう正極がほしかったのだ。

お年玉のような出来事

１９８３年の年明け早々、グッドイナフ教授の論文のとおりに$LiCoO_2$を合成し、ポリアセチレン（ＰＡ）と組み合わせて電池を試作した。

—スムーズに充電できるではないか—

—放電はどうだろうか？—

$$Li + LiCoO_2 \longrightarrow ????? \qquad (13)$$

$$PA + LiCoO_2 \longrightarrow PA^-Li^+ + CoO_2 \qquad (14)$$

これもスムーズにいく。

ポリアセチレンを負極にした実際の二次電池の誕生であった。感動の一瞬であった。その後、この新しい二次電池の特性評価を進め、確かに従来の二次電池に比べ、格段に軽くできることがわかった。早速、ポリアセチレン負極／$LiCoO_2$正極という基本概念を請求範囲とする特許を出願した（特許出願番号　特願昭58-233649号）。これが現在のリチウムイオン電池の原型であった。

巷でレコード大賞を受賞した「ルビーの指輪」が流れていた１９８１年、福井謙一教授のノーベル化学賞受賞、白川英樹教授のポリアセチレンの発見、さらにはグッドイナフ教授の$LiCoO_2$の発見と、現在のリチウムイオン電池につながる３つの出来事が偶然にも重なって起こっていたのである。

ちなみにポリアセチレン負極／$LiCoO_2$正極という新型二次電池が誕生した１９８３年のレコード大賞受賞曲は細川たかしの「矢切の渡し」であった。

お役立ちメモ

9）
多くの研究開発では単機能試験→多機能試験（単機能を組み合わせた試験）というステップを踏む。ここでは予想外な現象が多数顕現するものである。

10）
思いもよらない論文に、今自分が研究しているそのものの文献やレポートが出てくることがある。とても脱力する瞬間である。

第3章　ＶＧＣＦとカーボンナノチューブ

■導電性高分子ポリアセチレンとＶＧＣＦ

ポリアセチレンの欠点

前章のように、負極に金属リチウムのかわりにポリアセチレンを用いるという大胆な発想の新しい二次電池を見出した。[11] しかしながら、さらに研究を進め、実用的な観点からの性能評価を進めていくにつれ、ポリアセチレン固有のいくつかの問題点が露見してきた。

一つはポリアセチレンは安定性に欠けるという点であった。酸素に弱いという欠点は電池を完全密封することで解決できたが、熱安定性に欠けるため高温においての保存で起こる性能劣化をなかなか解決できなかった。

もう一つはポリアセチレンの比重は1.2と小さいという点であった。比重1.2のポリアセチレンは比重13.6の鉛に比べ、いかにも軽くてよいと直感的に思われるが、裏を返すとかさ張るということになる。もちろんポリアセチレンは重量当たりで比較すると鉛よりも容量がはるかに大きいのであるが、体積で比較すると比重の差でそれほど大して小さくならない。[12)]

すなわちポリアセチレン電池は軽量化を実現できるが、小型化は実現できそうにないということが明らかになってきた。熱安定性の問題は努力次第で何とかできる可能性もあったが、比重については本質的な問題であり、いかんともしがたい。非常に皮肉な結果である。

気相成長法炭素繊維？

ポリアセチレンと同じ共役二重結合を分子中に有する化合物、といえばカーボンがすぐに頭に浮かぶ。しかも比重は2以上あり、有利である。図3・1を見ていただきたい。これはカーボンの構造を示したものであり、二重結合を含んだ6員環（ベンゼン環：いわゆる亀の甲）が縮合した構造をしている。それと二重結合をみていただきたい。どの

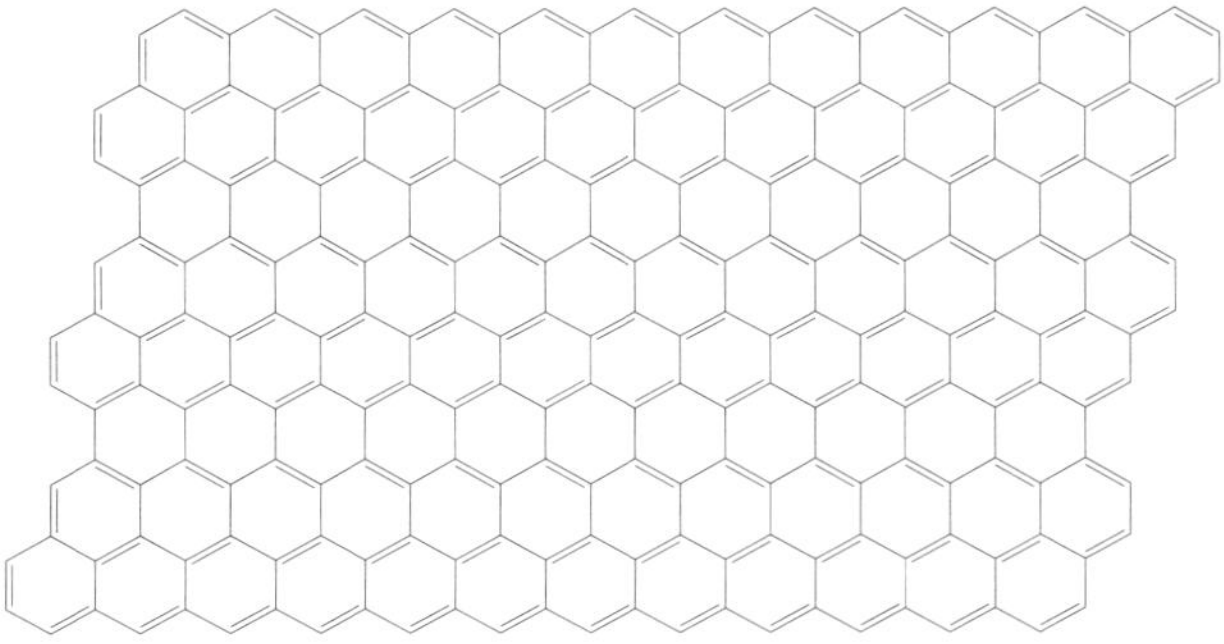

図 3.1　カーボンの構造

部分を見ても、一重結合と二重結合とが交互に並んでいる。そう、共役二重結合になっているのである。

カーボンが電気を流すことができるのはこの理由からなのである。であれば、ポリアセチレンでできたことがカーボンでもできるはずである。しかし残念ながら、当時入手可能だったカーボンをいくつか評価してみたが、二次電池の負極としてまともに働くカーボンは見出せなかった。

ポリアセチレンの限界が見え隠れしはじめる中、次の材料のあてもなく、今後の研究の方向を見出せないまま悶々としている時に、あるカーボンのサンプルを入手することができた。

それは気相成長法炭素繊維（Vapor phase Grown Carbon Fiber）、通称ＶＧＣＦという特殊なカーボン材料であった。１９８４年のことである。当時カーボンファイバーが新素材として注目を浴びており、旭化成の繊維関係の研究所（宮崎県延岡市）では、ガスを気相で炭化させ、直接カーボンファイバーを基板上に成長させていくという奇抜な研究を行っていた[13)]。

もう少し詳しく説明すると、ニッケル系の触媒を混ぜたベンゼン、トルエンのような芳香族化合物を気化させ１０００℃前後の温度に設定した炉を通過させると、炉の壁面に繊維径が数ミクロンの極めて細いカーボンファイバーが髪の毛のように成長していくのである。

■気が付かなかった世紀の大発見

カーボンナノチューブの親戚

何か似たような話を最近聞いた人もいるのではなかろうか。そうなのである。このVGCFはあのカーボンナノチューブ（CNT）[14)]の親戚だったのである。

正確にいうと、このVGCFはカーボンナノチューブに比べ繊維径は10倍ほど太い。しかし、実はその芯の部分にはカーボンナノチューブそのものが存在していたのである。このVGCFを学問的に深く研究されていたのは信州大学の遠藤守信教授で、教授が当時撮影した電子顕微鏡写真には、確かにうっすらとカーボンナノチューブらしきものがVGCFの芯の部分に写っていた。

飯島澄男教授によりカーボンナノチューブが発見されたのは1991年のことである。つまりそれよりさかのぼること7年前に、カーボンナノチューブが存在していることに気が付かないまま、ＶＧＣＦを一生懸命作っていたのである。

ずば抜けてよかったＶＧＣＦ

そして、それをあろうことか電池にしようとしていたのである。このＶＧＣＦは、１０００℃という比較的低温で焼成されたカーボンであるにもかかわらず、比較的結晶性が進んでいるという、たしかに特殊な構造のカーボンであった。

とにかくこのＶＧＣＦの電池特性がずば抜けてよかったのである。このＶＧＣＦを負極にして $LiCoO_2$ を正極にした電池系を初めて充電したのは１９８５年の年明けであった。

１９８５年、リチウムイオン電池誕生！

この時、カーボン／$LiCoO_2$ というリチウムイオン電池が誕生した。カーボンを負極にすることにより、二次電池の軽量化と小型化というニーズを、はじめて両立させることができた瞬間であった。

このＶＧＣＦというカーボンを手にしたことで、基礎研究は急速に加速されていったのである。同時に特許出願にも精力的に取り組み、リチウムイオン電池の基本構造を請求範囲とする特許（特許第2668678号）をはじめ多数の重要特許が生まれたのもこの頃である。

ちなみにリチウムイオン電池が誕生した１９８５年のレコード大賞は「ミ・アモーレ」中森明菜であった。

お役立ちメモ

11)
大胆、大胆、常に大胆。18世紀の西欧を席巻したフリードリヒ大王の言葉。

12)
比重：当たり前だが、鉄1kgと綿1kgは同じ重さ。だけど、綿の方が軽く感じるような気がしないだろうか。

13)
気相：気体の状態のこと。VGCFやC60などの新規炭素材料の多くは、気相で有機物質を不完全燃焼させて生成される。

14)
CNT：炭素（C）が規則正しく整列して、チューブを形成している次世代材料。様々な機能性を有している注目の材料。

第4章　人生最大の野外実験

■実験による証明

重要なこと=安全性

リチウムイオン電池の原型を見出し、特許対策を行うとともに、もう一つやらねばならない重要なことがあった。表4・1を見ていただきたい。これまで非水系二次電池が商品化できなかった理由、それは負極に用いる金属リチウムの安全性にあったことについては第1章で述べたとおりである。

カーボン／$LiCoO_2$という新しい二次電池を見つけた。しかもそれは金属リチウムを用いない。しかし、だからといってこの新型電池が安全性という大きな課題をクリアしたことにはならない。以前と比べれば少しはマシだが、商品化できるほど安全ではないかもしれないのだ。何が何でも安全性を確認しなければならなかった。[15)]

「新型二次電池の開発でもっとも大事なのは、その安全性である」というY社のK氏

表 4.1　電池の種類

	水系電解液電池	非水系電解液電池（高電圧・高容量）
一次電池（使い捨て）	マンガン乾電池 アルカリ乾電池	金属リチウム一次電池
二次電池（充電再使用）	鉛電池 ニッカド電池 ニッケル水素電池	**この新型二次電池の安全性は大丈夫？**

からの貴重なアドバイスがその背景にあった。実験で証明するしかない。

しかし、安全性の確認実験といっても、とくに試験方法や基準が決まっていたわけでもない。ましてや実際の実験でどんなことが起こるのか予想もできなかった。どこでどんな試験をすればよいのか。少なくとも明らかだったことは、研究室の中でできる実験ではないという点だけであった。[16)]

研究所（神奈川県川崎市）に近い多摩川の河原でやればという意見も出たが、調べてみると消防署の許可が必要で、内緒でやると新聞沙汰になるとわかり、断念した。

ダイナマイト試験場

何が起こっても絶対大丈夫な実験現場を探しまわった挙句にたどり着いた結論が、ダイナマイトの試験場であった。

ダイナマイトの試験場であれば、何が起こっても大丈夫だろうという単純明快な発想である。旭化成は多岐な事業を展開しており、化薬事業もその一つであった。当然ダイナマイトの試験場もあり、宮崎県延岡市のはずれの小高い山に囲まれ、冬にはイノシシも出るという一角にあった。

早速、化薬事業部の方に大変な無理をお願いし、安全性の確認実験ができることになった。行った実験はライフル弾貫通試験など10以上にものぼった。写真４・１はその時の実験の１コマであり、手作りの試作電池（現在のリチウムイオン電池）を破壊テスト（電池の上から鉄塊を落とし何が起こるかを確かめるテスト）という安全性試験を行った時の実際の写真である。

鉄塊が落下して電池が破壊された（AM9:05:08）後、約16秒後（AM9:09:19）何も

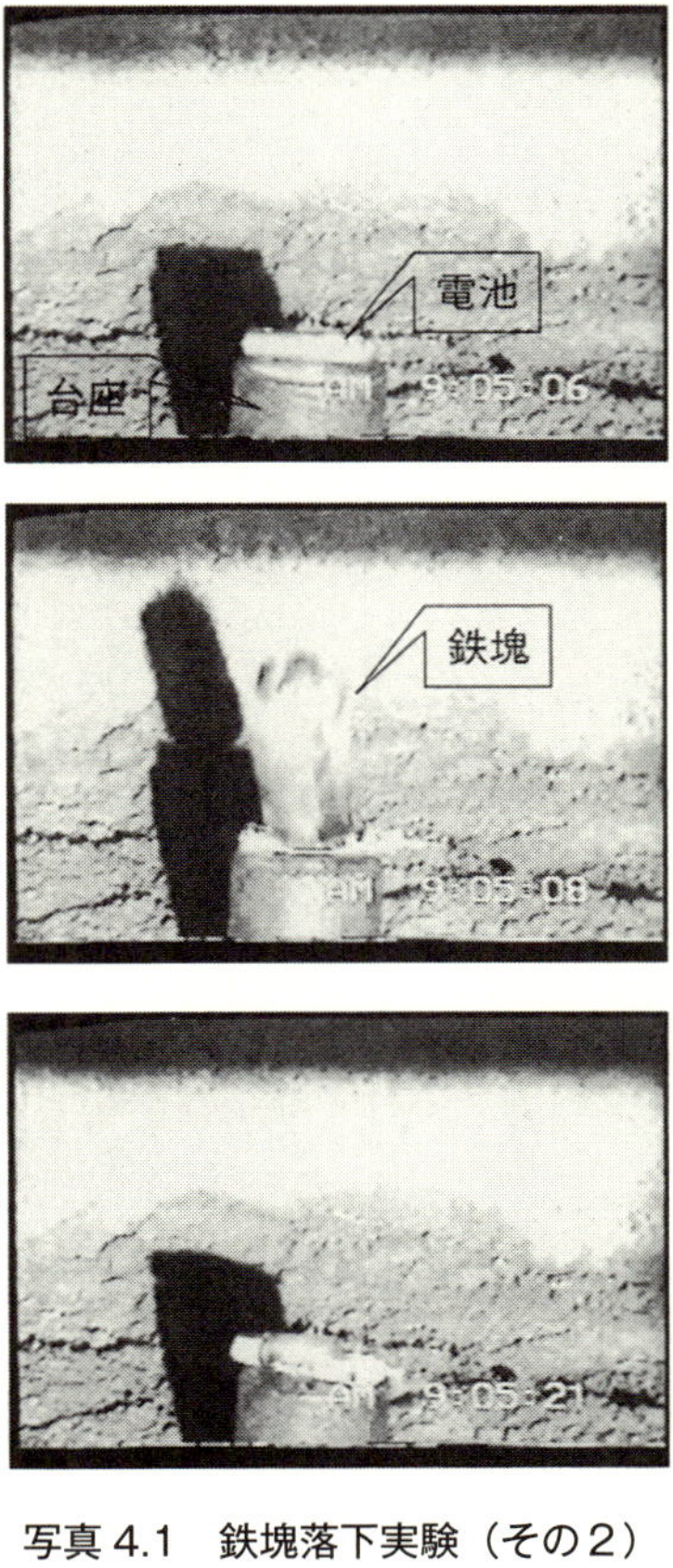

写真 4.1　鉄塊落下実験（その２）

起こらない。その後1時間ほど様子を見たが、結局何も起こらなかった。

運命の実験結果

しかし、この試験の結果だけでは何ともいえない。金属リチウムを使った電池と比べ

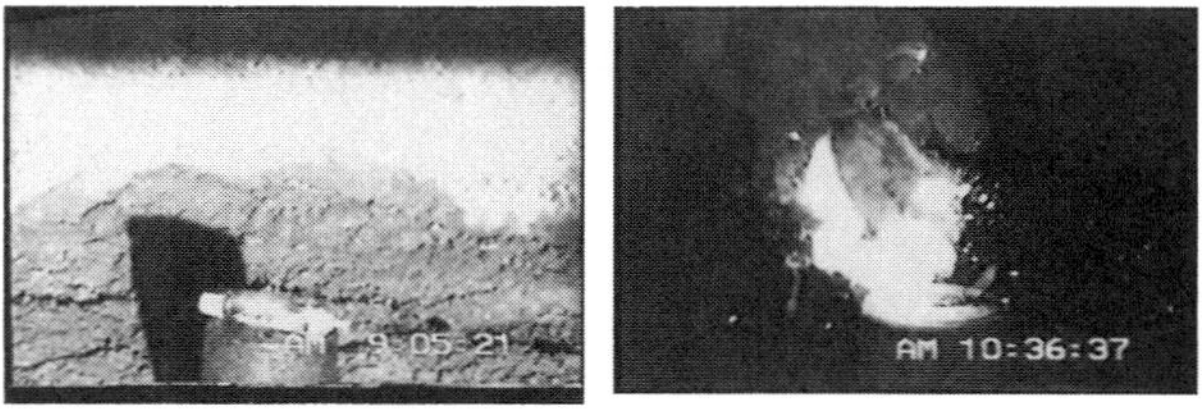

写真 4.2　実験その２とその１の結果

て、どの程度安全なのかを比較しなければ意味がない。この実験後すぐに、金属リチウムを用いた電池を実験した。第1章の写真１・２が実はこの時のものである。

―この差である―

もし写真４・２の左側の写真が右と同じように火を噴いていたら、研究はその時点で中断、リチウムイオン電池は世の中に出てこなかったであろう。

約20年前、宮崎県延岡市のはずれで、リチウムイオン電池が世に出られるかどうかを決める、さらには私の人生を左右する大事な実験が人知れず行われていたのである。

お役立ちメモ

15)
安全性の担保。メーカーにとっては大変重要な項目である。ここ最近ではこの項目を軽視した会社が相次いで大変なことになっている。

16)
まったく新しいものを開発した場合、試験方法や評価方法を考えるのも開発者の仕事である。これがまた意外と難しい仕事である。

第5章　発見！八重洲の黒ダイヤ

■試料がたりない！

問題発生！刻々と迫るスケジュール

ＶＧＣＦを見出したことにより、基礎研究は順調に進展し、商品化研究、すなわちより実用的な観点からの特性評価、さらにはユーザーでの評価を行っていくことになった。[17)]

ここで困った問題が出てきた。ＶＧＣＦが足りないのである。作れないのである。

先に説明したように、このＶＧＣＦは延岡の研究所での研究段階のものであり、試作設備も実験室規模のものしかなく、まとまった量が作れない。１回に数十グラムのサンプルを作ってもらうのがやっとであった。まだ我々のやっている新型二次電池の事業化が決まっているわけではなく、ましてやその原料であるＶＧＣＦの設備に投資をするわけにもいかない。一方では、ユーザー評価のスケジュールが刻一刻と迫ってくる・・・あとひと月も残ってはいない。さあ、どうする。

カーボン探索、ふたたび

やむを得ず、世の中に出回っているカーボンを再度探すことにした。以前も探したが、その時は見つけることができなかった。しかし、前回はとくにあてもなく、ただ闇雲にカーボンを探しただけであったが、今回は違う。ＶＧＣＦという「理想形」がある。つまり、ＶＧＣＦにもっとも近い構造のカーボンということで、より絞り込んだ探索ができるはずであった。

まずはカーボンメーカーから、カタログとX線回析データ、密度、熱膨張率等の性状表を入手し、ＶＧＣＦの性状と較べることを行った。ＶＧＣＦと似た性状のカーボンを選び、次々とサンプルを入手しては評価を行っていった。しかし、その性能はどれもこれもＶＧＣＦとは似ても似つかぬ素性のカーボンばかりであった。

■衝撃の出会い

サンプルをください！

この時点ですでに100種類以上のカーボンを評価したが、やはりというか予想どおりというか、すべてダメであった。半ばあきらめながら、もう一度性状表を見比べてみると、ある特殊な用途向けのコークスの一群に、VGCFと非常によく似た性状を示すものがあった。[18] しかも特殊用途ではあるが、とあるメーカーによりかなりの量が生産されていた。そういえばこのカーボン、メーカーにサンプル提供の依頼はしてあったのだが、まだサンプルが届いていなかったことを思い出した。そこで再度電話でサンプル提供を頼んだのだが、そう簡単には出してくれそうにない。特殊用途向けなので、サンプルをどういう目的で使うのか明らかにしないと出せない、とのこと。先方にしてみればもっともな話であるが、またこちらにとってはもっともつらい点をつかれた。まさか電池に使うことなどいえるはずもない。また仮に電池に使うと正直にいっても当時はまだ信用してもらえなかったであろう。

八重洲口での出会い

電話ではらちが明かないと判断し、担当者と直接会って話をすることにした。後日、この石油精製メーカーの本社を訪れた。場所は東京駅八重洲口のすぐ近くであった。約束の時間より少し早めについたのでオフィスの中でしばらく時間をつぶすことにした。ロビーの一角に製品紹介のコーナーがあり、いくつかの製品サンプルが展示されていた。その中に一目見て普通のコークスとは違い、光の加減によっては銀色に輝いて見えるコークスがあった。

銀色の輝き

—あの時と同じだ！—

1981年に京都大学でポリアセチレンのサンプルをはじめて見せてもらった時、これがプラスチックか！と思うほど銀色に輝き、まさに外観は金属そのものの形状に衝撃を受けたのだった。

そういえば、あの時、京都大学の先生は「電子が自由に動けるようになると、だんだん金属光沢が出てくる。だからポリアセチレンが銀色に見えるのは当たり前なのだ」と言っておられた。この銀色のコークスを見て、その言葉を思い出し、瞬間的にこれは間違いなくよい性能が出ると確信した。

八重洲の黒ダイヤ

まさに「八重洲の黒ダイヤ」である。

やがて約束の時間が来て、担当の方との面談が始まった。はやる気持ちを相手に悟られまいと、落ち着いてサンプルの必要性を説明した。しかし、電話の時と同じく「サンプルをどういう目的で使うのかを明らかにしないと出せない」

という態度は変わらない。

「たとえば１kgのサンプルでもいただければ」

と言ってみても
「大量に出回っている製品なので、少量だけ小分けすることは手間がかかる」

とのこと。それでは
「有償でもかまわないから、通常の取引単位で購入させてほしい」

と頼んでも、

「通常の取引単位は船１杯分ですが、それでもかまいませんか[19)]」

という。いくらなんでもである。

「せめてトラック１杯分でお願いできないか」

と再度頼んでも、

「それはできない」

とのこと。押し問答の末、

「工場の意見を聞いてから、出せるかどうか返事をします」
ということで実りのないまま話し合いは終わった。

2週間後・・・

それから2週間ほどして、200リッターのファイバードラム1杯分のサンプルが届いた。[20] これだけあれば研究用には数年間は使える量であった。このコークスがVGCFに近い性能が出たことはいうまでもなかった。そしてこのコークスが、リチウムイオン電池の初代負極材料として世の中に出ていくことになるのである。あの時の「八重洲の黒ダイヤ」の輝きは今でも忘れられない。また、最終的に快くサンプルを出していただいた担当者の方には、今でも感謝の気持ちでいっぱいである。

★今だから話せる開発秘話①★

新型二次電池の商品化で安全性が重要であることは前章で述べた。しかし当然、前章で紹介した安全性試験をクリアしただけで商品化できるものではなく、その後も安全性については改良に次ぐ改良の連続であった。その間には実にきわどい出来事も多々あった。これも今となっては時効なのでお話ししたい。

ユーザー評価も初期の段階の頃だった。ある日の朝、実験室に顔を出してみると、24時間運転の特殊な条件でサイクル試験（充電と放電のサイクルを繰り返すこと）をしていた電池が跡形もないのである。電池のプラス極とマイナス極をつないであったリード線だけが残っていた。周辺はとくにかわった様子もなく、まるで電池が神隠しにあったようであった。実験室の隅から隅まで探してみると、部屋の片隅から電池の缶が見つかった。しかし中身は空っぽである。どうも試験中に破裂したものらしい。

予想もしない出来事に慌てた。同じサンプルをユーザーに渡していたのである。こうなるとすぐにやらねばならないことが2つあった。一つは原因の追究と改善策を見つけること。もう一つは、ユーザーに渡していたサンプルをすぐに取り戻すこと、であった。ユーザーに連絡を取ると、担当者は海外出張中だという。すぐさま出張先に連絡を取ってもらい、サンプル差し替えのお願いをした。回収の理由はなにかもっともらしいことをいったと思うが、今となっては忘れてしまった（そういうことにしておく）。

原因追究も並行して進め、特定の条件で今回の現象が再現されることがわかった。また電解液を改良することにより、この現象が起きなくなることもわかった。

ユーザーの担当者が海外出張から帰国するやいなやアポイントを取り、さりげなく改良したサンプルと交換してもらい、なんとか事なきを得た。

しかしリチウムイオン二次電池を実用化するまでの間に、この類の綱渡りはその後も何度も経験したのである。

お役立ちメモ

17）
ユーザー評価：メーカーであれば多くの場合避けては通れない道である。勝負どころである。悲喜こもごもな現象が多発する時でもある。

18）
コークス：石炭を蒸し焼きにして、炭素分を多くしたもの。多くの場合は燃料や製鋼などの還元材として用いられている。

19）
取引単位：このような事例は結構ある。ピンチの時の交渉術も、研究開発では重要である。中には研究よりも得意な人もいるが・・・

20）
ファイバードラム：簡単に言うと紙でできているドラム。もちろん表面はコーティングされ、金属で補強されている。結構重い。

第6章　「バインダー」嵐への序章

■リチウムイオン電池の電極の作り方

ペンキと電池の似て非なること

リチウムイオン電池技術の中で、従来の電池技術とまったく異なる点が多くある。その一つが電極の作り方である。

写真6・1はリチウムイオン電池の正電極であり、光って見える部分が正極集電体のアルミ箔（厚さ15㎛）で、黒く見える部分が$LiCoO_2$で塗膜（150㎛の厚み）されたものである。従来の電池の電極は正負極活物質の粉末を機械的な圧力で固めたり、焼結（高温で焼いて粉末を固めること）して固めて作るのが通常であった。しかし、リチウムイオン電池の電極はまったく違った方法で作られる。

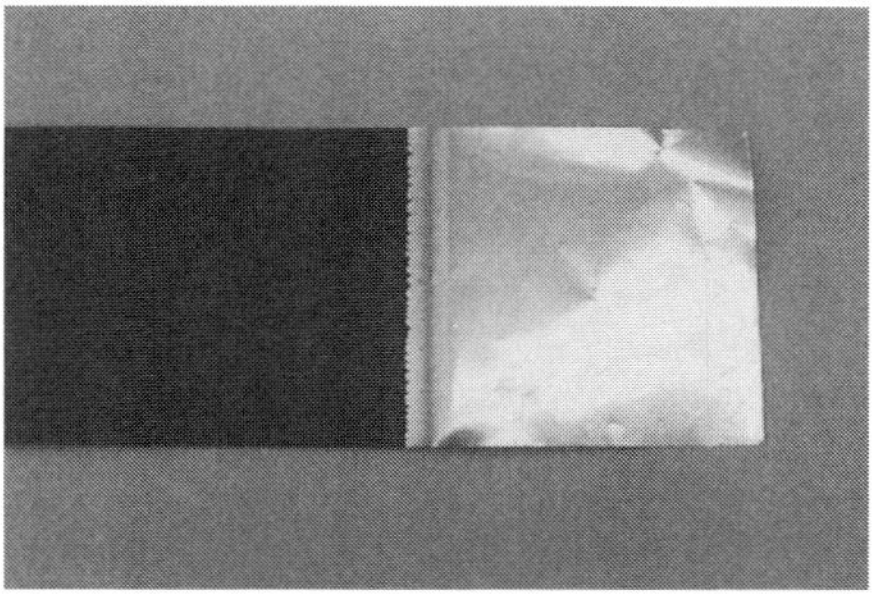

写真6.1　アルミ箔の電極

バインダーの役割

ここで重要な役割を演じるのがバインダーである。バインダーとは聞きなれない言葉かもしれないが、ペンキ（塗料）を考えていただければわかりやすいかと思う。ペンキの基本構成成分は、色を出すための顔料という粉末粒子とそれを固めるためのバインダー（ペンキの場合はビヒクルという、天然樹脂や合成樹脂が用いられる）とバインダーを溶かすための溶剤からなる。[21] ペンキを塗った後、溶剤を乾燥させることによって、色を付けたり、サビを抑えたりする機能をもった塗膜が形成される。

ペンキ式電極化技術

リチウムイオン電池の電極作成法はこのペンキと同じである。しかし、なぜ従来の電極化技術ではダメだったのであろうか。非水系電解液は、水系電解液に比べ、電極単位面積当たりに流せる電流が小さいので、電極面積を大きくして、大きな電流を流せるようにしなければならなかった。そのためには電極の厚みを薄くする必要があった。そしてこの薄膜化には「ペンキ式電極化技術」が最適であった。

非水系二次電池を商品化するには、今まで世の中になかったこのペンキ式電極化技術の開発が必須条件であった。しかし、この「ペンキ式電極化技術」は本物のペンキ技術と1点だけ大きく異なる点があった。図で説明しよう。

芸術的構造

ペンキの場合は図6・1に示すように、乾燥後、顔料粒子の隙間はバインダー（ビヒクル）で完全に埋まっていることが重要である。隙間（空孔）がないことで色の鮮明度

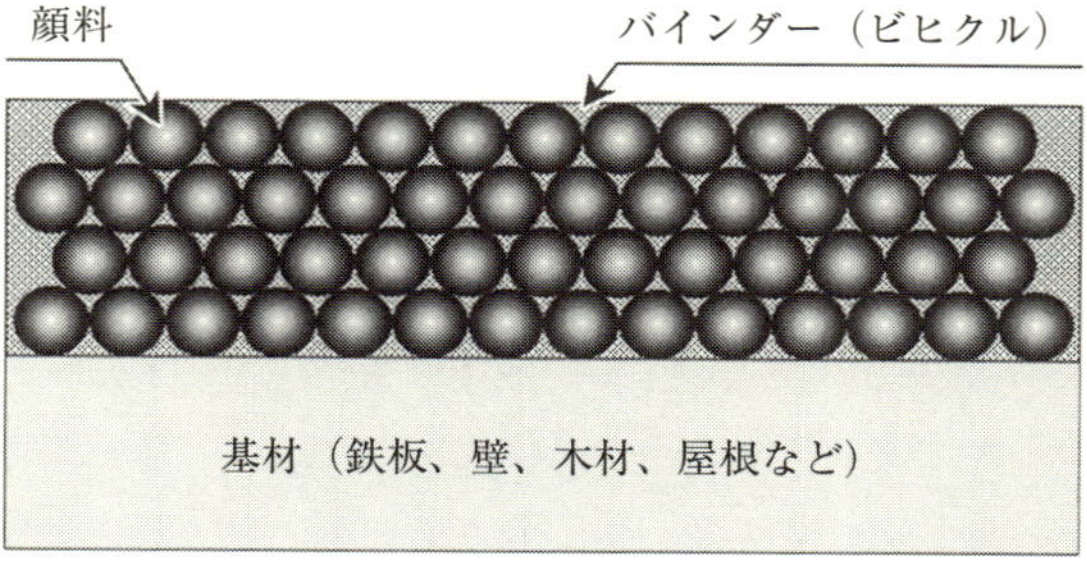

図 6.1　ペンキの塗膜構造

が高くなり、また水等の侵入を防ぐことで腐蝕から基材を守ることができる。また塗膜の強度や基材との密着力を保つこともできる。

しかし、電池の電極はこれでは困るのである。正極活物質、負極活物質ともにその粒子表面で電解液と接してイオンが出入りしなければならない。もし、イオン的に絶縁体であるバインダーが粒子同士の隙間を埋め尽くしてしまうと、イオンが出入りできなくなり、電池として機能しなくなる。つまり、電解液が浸透してくるように隙間を空けておいてやらねばならない。しかも塗膜の強度、基材（集電体）との密着力も出さなければならない。図６・２のように粒子間を点で結びつけたような、芸術的な塗膜構

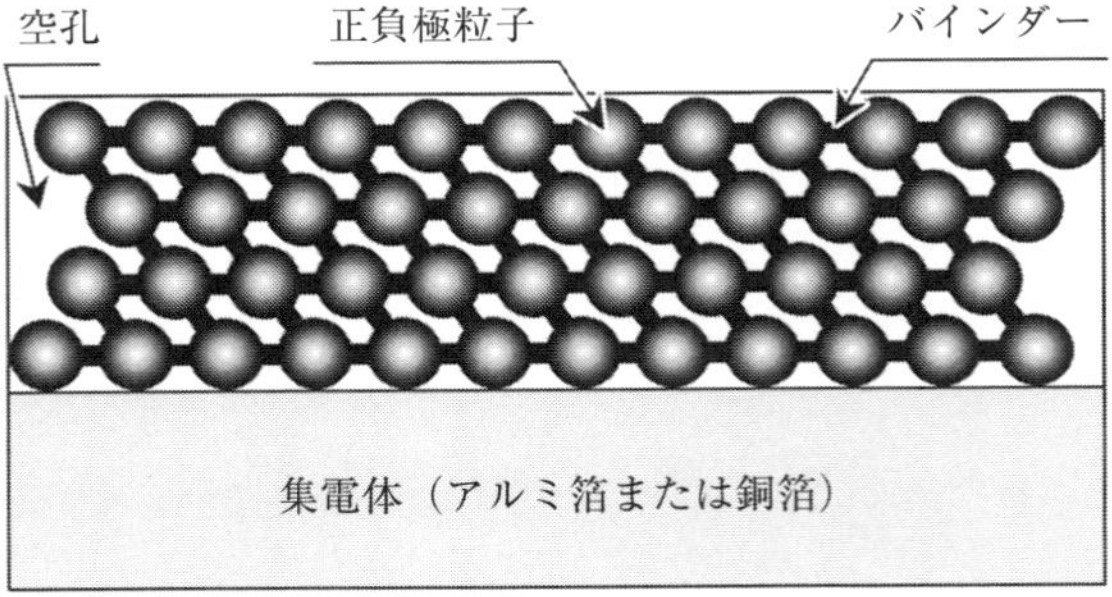

図 6.2　電池の電極構造

造が要求されるのである。[22)]

—これが非常に難しいのである—

■嵐への序章

自作バインダー

開発の初期、このバインダーの選定には大変苦労した。市販の合成樹脂を手当たり次第に評価したのだが、なかなかよいものが見つからなかった。試作した電極の大半は、表面こそ非常に強度が高いのだが、集電体側の強度がきわめて弱く、簡単に剥がれてしまった。[23)] 理由は乾燥過程でバインダーが電極表面に集中し、図6・3に示すような

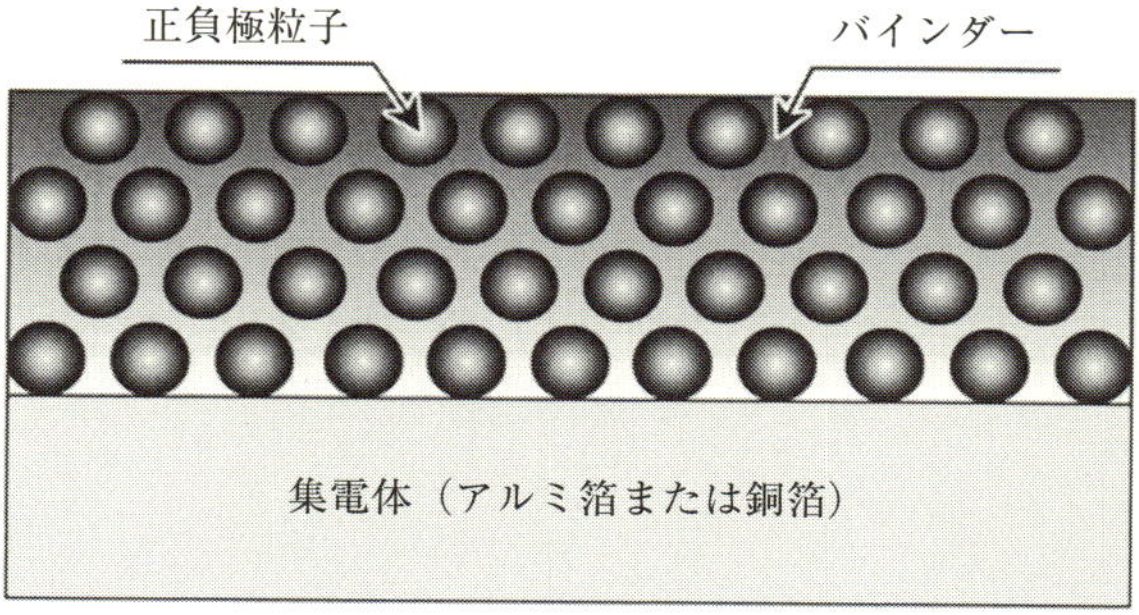

図6.3 バインダーの偏り

構造になってしまうためである。もちろんこのような電極では電池性能はまったく出ない。

入手可能な合成樹脂だけではよいものが見つかりそうになかったので、実験室で重合（モノマーを反応させて高分子化させること）可能なものについては自分で合成して評価を行ったりもした。その中で、アクリロニトリル（AN）を重合させてできるポリアクリロニトリル（PAN）をバインダーに使うと、よい電極が得られ、電池性能も高いことがわかってきた。アクリロニトリルをモノマーとして選んだ理由に深い意味はなかったのであるが、常温で液体であり、扱いやすいことと重合が簡単にできたからである。それともう一つ、当時の電池開発拠点が旭化成の川崎工場柵内にあり、この柵内にはアクリロニトリルの大きな工場があって、簡単に高純度のものが手に入ったこともあった。

大好評Y-PAN

バインダー開発が軌道に乗り始めたかと思いきや、よい電極ができたり、悪い電極ができたりと、その時々でデータがばらついたのである。よくよく調べてみると、重合した人によってデータに差があることがわかってきた。そして、私が重合したポリアクリロニトリルに限って、よい電極になったのである。

私の頭文字をとって、これを「Y-PAN」と名付けた。おかげでしばらくは私が重合係をする羽目になった。なぜ「Y-PAN」がよく、ほかの人が重合した「S-PAN」や「N-PAN」が悪いのか、その理由がしばらくしてわかった。

バインダーは人を表す!?

分子量(重合した時にモノマーが何個つながったかを表す量)が違っていたのである。一般に、重合させるときに温度を低めに設定して、時間をかけてゆっくり反応させたほうが分子量の大きなポリマーが得られる。その逆に短時間で重合を終わらせると分子量が低くなる。「Y-PAN」の分子量が極端に低かったのである。つまり、気が短くて、実験を早く終わらせたい人が重合したものが「Y-PAN」であったのだ。[24)]

超分子量ポリマーを探して

これまでバインダーの選定で悩んできた問題が分子量にあったということで、市販のポリマーで分子量の異なったサンプル、とくに超低分子量サンプルを至急集めるように部下に指示をした。実はこの判断がとんでもない勘違いであり、次章で述べるとんでもない事件に巻き込まれる発端になってしまったのだった。

後になってわかったことであるが、このポリアクリロニトリルというポリマーは溶剤に溶かした時に、見た目は透明であるが、完全に溶けているのではなく、超微粒子の状態で分散しているという特異な挙動を示す。このため乾燥させる時に電極表面へ集中しにくいことが、よい電極ができる理由であるというのが真相であった。

その後、似たような溶液挙動を示すポリフッ化ビニリデンなどのよいバインダーがいくつか見つかってきた。超分子量「Y-PAN」は単なる偶然に出会ったのである。

しかしながら、その当時はことの真相を知るよしもなく、超低分子量ポリマーのサンプル集めに突っ走っていた。とんでもない事件が起こることも知らずに。

お役立ちメモ

21)
ビヒクル：vehicle。つまりビークル。顔料を移動させる役割と、印刷後は紙へすばやくセットし固着させる役割というのが語源。

22)
科学（化学）において芸術的な構造の物質は往々にして、大変すばらしい物性を発揮する。生体の化学物質（生理活物質）などはその典型ではなかろうか。

23)
実験において身近な試料が用いられることがある。意外とよい結果を出したりするが最終的には違うものが採用されることが多い。

24)
Y氏本人は短気のつもりはない。

第7章　3億円強奪！有楽町スプレー銀行強盗事件

■部下が事情聴取

突然の来訪

昭和62年（1987年）のある日、突然部下のS君に来客があった。彼が会議室に行ってから10分ほどすると、私に内線電話がかかってきた。S君からである。いかにも慌てた様子で、私にすぐ来てくださいと言う。

何があったのかと聞くと、会議室で刑事さんの尋問にあっているなどととんでもないことをいう。びっくりして飛んでいくと、会議室ではおびえた顔の部下が、目つきの鋭い二人の男と向かい合っていた。二人の男はたしかに警視庁の刑事であった。[25)]

押し問答の末に

「何があったのですか」と聞いても、刑事ははっきりしたことは言わない。ただリストを見せながら、「こういう製品がサンプルとして部下の手に渡っているはずだから、今すぐに見せてください」と急かすのである。

S君に確認すると、たしかにある会社から該当するサンプルはもらったが、評価せずに捨てたと言う。刑事たちはその答えでますます怪しげな顔つきになり、そのサンプルを何に使おうとしたのか。S君に執拗に聞き始めた。企業秘密だからいえないと押し返しても一向に納得しない。これではらちが明かないと判断して、私はすべて説明することにした。

■ポリ酢酸ビニルがなにか？

第二の3億円事件

「今開発中の新製品に使うバインダーとして最適な樹脂を探索するために、各社からいろいろな樹脂のサンプルを入手している。そのリストの製品もそのうちの一つである」と、当時試作中の電極を見せながら、丁寧に説明した。そして、「お探しのこの製品は、ポリ酢酸ビニルというごくありふれた樹脂であり、決して特殊なものではありません」[26]と最後に付け加えた。私の説明に少しは納得したのか、二人の刑事はびっくりするような話をはじめた。

「私らは昭和61年（1986年）11月25日に、有楽町駅前で起こった銀行強盗の捜査にあたっています。犯人は催涙スプレーを現金輸送にあたっていた銀行員に浴びせ、3億3000万を奪って逃げたんです」

—当時この事件は、第二の3億円事件として騒がれていた[27]—

「この催涙スプレーは手製のもので、分析の結果、ポリ酢酸ビニルという樹脂が検出されたのです」

続けて、

「しかも超低分子量という特殊なグレードは、ほとんど日本国内では出回っていないものです。製造元のメーカーで出荷先を調べたら、あなたの部下が入手していたことが判明したので、事情確認と現物確認に来たわけです」とのこと。

バインダーを探して

私はこの話を聞いて思い出した。

バインダー樹脂を溶かした液に電極活物質を分散させ、それを集電体に塗工して電極を作るのであるが、なかなかよい樹脂が見つからず困っていた。その中で、液体にした時の粘度が電極の良し悪しに関係しているのではないかと思い、ポリ酢酸ビニルという汎用の樹脂で、超高分子量から超低分子量までのサンプルを集めるように部下に指示していたのである。[28)] まさかこの超低分子量ポリ酢酸ビニルを銀行強盗が使うとは。

われわれの情報が役に立ったかどうかは知らないが、その後の捜査で犯人が逮捕された。

意外な犯人

4人のフランス人が犯人であった。日本国内ではほとんど出回っていない超低分子ポリ酢酸ビニルが使用されていたことで足がついたのだろうか。まさに信じられない話である。私自身、刑事さんと名刺交換したのは今日に至るまでその時だけである。リチウムイオン電池の材料の中で、バインダー樹脂は地味な存在であるが、その役割はきわめて重要である。苦しまぎれで、ありとあらゆる樹脂サンプルをむさぼっている最中にとんだハプニングに巻き込まれたが、実際に評価した極めて多数の樹脂の中で、実際にバインダーとして使用可能な樹脂は、2、3種に限られていた。その理由については前章でお話ししたとおりである。

お役立ちメモ

25)
警察官は状況によって印象が変わるもの。道を尋ねる時と、交通切符を切られる時と・・・

26)
ありふれた樹脂：汎用樹脂ともいう。ポリプロピレンやポリエチレン、塩ビなどがそれに該当する。共通点は安いこと。

27)
有楽町三億円強奪事件：昭和61年（1986年）11月25日に銀座・有楽町の三菱銀行前で3億3000万円が強奪された事件。有名な府中3億円事件に続く第二の3億円事件である。こちらは迅速かつ地道な捜査の末に犯人を特定。犯人は4人の外国人で、3人はフランスで、残る主犯格の男はメキシコで逮捕された。

28)
粘度：液体の性質の一つ。高分子では一般に分子量が大きくなると粘度が増し、ねっとりする傾向がある。

第8章　知らなかった部下の無謀行為

■O君の勇気

1から10まで TRY and ERROR

前章で述べたように、リチウムイオン電池の電極は塗工液をアルミ箔または銅箔（厚み15㎛＝0・015㎜前後）の上に塗ることにより作成する。薄い金属箔に塗るというのは、リチウムイオン電池独特の技術で、従来の電池の製造技術とはまったく異なっていた。[29)]

塗るのに使う機械は塗工機といい、ガムテープや磁気テープを作るときに使う機械と同じである。厚み15㎛のアルミ箔というのは台所にあるクッキングフォイルと同じものである。さて、包装箱に入っているクッキングフォイルを一旦引っ張り出して、その後、元と同じように巻き戻す作業を想像してみていただきたい。

シワを発生させないで巻き取ることがとてつもなく難しいことがわかっていただける

だろう。しかも電極を作る場合は、箔の上に塗工液を塗り、乾燥ゾーンで熱風乾燥させて、もう一度巻き取るのである。当時、薄い金属箔に塗工液を塗るという技術は世の中になかった。自力で開発するしかなかったのである。

1時間10万円

実はこの技術開発が非常に大変だったのである。自力開発するといっても、この塗工機というのは実験機でも数千万円、生産機では10億円近くもする非常に高い機械であった。たとえ実験機といえども、乏しい研究費から捻出できるものではなかった。そこで、塗工機を借してくれる会社を探すことにした。

埼玉県岩槻市にある、ガムテープなどを生産している会社の塗工機を、１時間当たり10万円前後の値段で借りることができた。こうして、塗工技術開発がはじまった。この開発は部下のＯ君に全面的に任せた。実験機でのテストなしで、条件もわからないまま、いきなり生産機にかけたのであるから、苦労の連続であった。[30)]

最初は何も塗らずに、金属箔だけを巻き取るということすらできなかった。なんとか塗れるようになっても、塗膜の厚みが不均一であったり、アバタが出たりと諸々の問題が次々に発生した。

なかでも最後まで苦しめられたのはシワの発生であった。約１００㎝幅の金属箔で連続的に塗るのであるが、どこかでシワが斜めに走るのである。実際に電池の電極として使う時には、約５㎝幅でスリットするので、金属箔に平行にシワが発生するのであればその部分だけ切り落として使えばよいのであるが、意地悪なことに端から端までジグザグにシワが走るので、全部がお釈迦になってまったく使えないのである。[31]

シワにならない条件を検討するにしても無駄な時間を浪費できない。まるでタクシーメーターのように1時間毎に約10万円の経費がかかるのである。ところがある日、O君からシワが出ない条件がわかりましたとの報告があった。ずいぶん苦労していたのを知っていたので、「よくがんばった！　ご苦労さん」とねぎらいの言葉をかけて、その時はそれで終わった。１９８９年のことだった。ちなみにその年のレコード大賞は「さびしい熱帯魚」Ｗｉｎｋが受賞していた。

★今だから話せる開発秘話②★

あれから10年、もう時効だからと、O君は私にとんでもないことを告白した。実は塗工機の乾燥ゾーンに潜り込んでシワが発生する場所を見つけた、と言うのである。

彼の言によると、

「シワがどういう理由で、どこで発生するのかを解明するには直接自分の目で見るしかないと思ったのです。実際見てみるとシワの発生が乾燥ゾーンの特定の場所から始まっていることがわかりました。その箇所の熱風の温度、風量など条件を変えてみると見事にシワがなくなったのです。」

乾燥ゾーンの中は100℃以上の熱風が流れ、また蒸発した有機溶剤が充満しているのである。その中に潜り込んだというのは、常識的には無謀極まりない行為であり、もしその時事前に知らされていたら、多分許可しなかっただろう。しかしO君の無謀な勇気（？）のおかげでシワがなくなったのも事実である。

実は1999年3月に日本化学会からリチウムイオン電池の開発という功績で「化学技術賞」という賞をいただいた。この受賞を旭化成の社内報に掲載することになった。広報室の方から、第一線で開発に携わった人から一言コメントがほしいと言われたので、O君に書いてもらうことにした。その時、彼が前述の「乾燥ゾーン潜り込み事件」を告白したのである。1999年5月号の旭化成社内報での彼のコメント記事は次のようなものであった。

●（受賞者を代表して）Oさんから

旭化成が世界に先駆けて開発したリチウムイオン二次電池が、栄えある化学技術賞に選ばれ、うれしく思っています。特にエイ・ティーバッテリーに出向している私たちには、大きな励みとなります。

私は電極化技術の開発を担当しました。今でこそ当たり前の技術ですが、15㎛前後の極めて薄いアルミ箔、銅箔に正、負極材をその10倍の厚さで塗るというのは、当時の塗工技術では不可能と思われるほど難しいものでした。案の定、塗工機メーカーでテストをしても、当初は箔にシワは出るわ、箔が切れるわの連続でした。乾燥ゾーンにもぐり込んだり、塗工液の異物を絞り出したり、そんなことを明け方まで繰り返し、やっと作ったわずかばかりの電極を大事に持ち帰ったことがつい昨日のことのように思い出されます。

ちなみに１９９９年のレコード大賞受賞曲はＧＬＡＹの「Winter, again」であった。

お役立ちメモ

29)
リチウムイオン電池は本当に新しい技術がてんこ盛りである。正極、負極、活物質、バインダー、セパレーター、電解液(質)。画期的とは大変と同意である。

30)
実験機から生産機でも予想だにしない事態が頻発するものである。いきなり生産機に掛かられたO氏の苦労が偲ばれます。

31)
製造過程において不具合が出る場所は決まって目で見えないところである（危険であることも多い)。危険を承知（でも上司には内緒）で突入する開発者も・・・

第9章　新説！三種の鈍器論

■三種の神器と三種の鈍器

ＩＴ技術の三種の神器

ＩＴ技術を支える「三種の神器」という言葉がよく使われる。ＩＴは３つの重要な部品で支えられているという意味である。その３つとは図９・１に示すように、頭脳であるＬＳＩと、目であり顔でもあるＬＣＤ、そしてそれらを動かす心臓が二次電池である。[32]

三種の鈍器論

この「三種の神器」という言葉が出てくるはるか以前、私が新型二次電池の開発に携わっていたメンバーと交わしていたキーワードがある。それは「三種の鈍器」という言葉である。これは私の勝手な造語である。

時代は１９８５年頃にタイムスリップしていただきたい。当時の我々は次のように

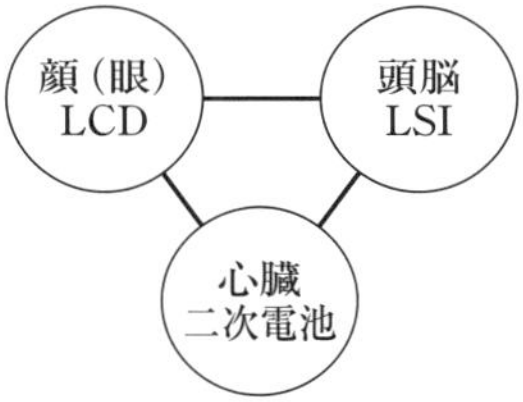

図 9.1　IT を支える三種の神器

語っていた。

「現在の社会生活上きわめて重要な製品でありながら、エジソンの発明、もしくはエジソンの時代に発明された製品で、いまだに使用されているものが３つある。まさに三種の鈍器である。そしてこの３つは近いうちにまったく新しいものに取って代わられるだろう」

これが「三種の鈍器」論である。エジソンが活躍したのは１９００年前後であるので、１００年近くも変わることなく使われてきたわけである。この３つとは何であろうか。２００４年の今、たしかにこの３つは大きく変わった。しかもつい最近になって一気に変わったのである。

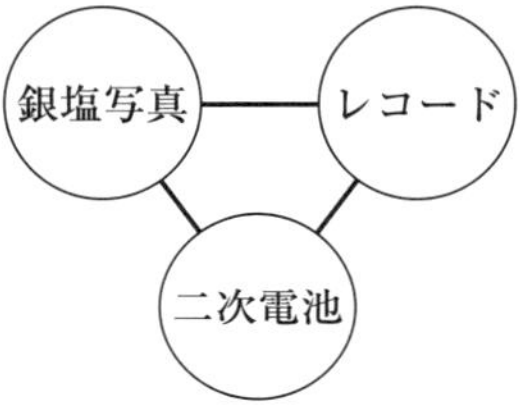

図 9.2　三種の鈍器

3つの鈍器とは

「三種の鈍器」の一つ目は、銀塩フィルム写真である。銀塩フィルム写真はイーストマン氏とコダック氏の両氏による発明で、エジソンが活躍していた1890年前後になされた発明である。この銀塩フィルム写真がデジカメに置き換わったのは、つい昨日のことであることはご承知のとおりである。

二つ目は「レコード」である。これは言うまでもなくエジソン自身による発明である。[33] これもCDに置き換わったのはご承知のとおりであり、レコード屋さんという言葉がなくなったのもつい最近である。

そして「三種の鈍器」の3つ目は「二次電池」である。

■エジソンの発明と電池

二次電池とエジソン

意外に思われるだろうが、実は1985年当時、二次電池の主流であったニッケル・カドミウム二次電池はエジソンの発明なのだ。[34] 正確にいうと、ニッケル・カドミウム二次電池とほぼ同じ原理のエジソン電池なるものを1901年に発明している。これがリチウムイオン二次電池に置き換わったのもつい最近であることもご存じのとおりである。

自己発憤と予見と示唆と

もともとこの「三種の鈍器」論は、

「世の中は新しい二次電池を必要としているのだ！」

「この新型二次電池が必ず世の中に出ていくのだ！」

と自らを鼓舞するために造語したものであるが、今から振り返ってみると非常に興味深い点が多々秘められているような気がする。

この3つの製品がなぜ100年間も変わらずに使われてきたのかという理由、また3つの製品がなぜ時期をほぼ同じくして置きかわったかという理由、これらを深く考察することにより技術論的にも市場論的にも非常に重要な示唆が得られるような気がする。

■100年間変わらなかったわけ

「レコード」と「銀塩写真」にある共通項

「レコード」と「銀塩写真」にはきわめて共通的な面があるのにお気づきになると思う。列挙してみよう。

①　典型的なアナログ技術であること。
②　消費者の商品選定の尺度にきわめて人間的な感性が絡んでいること（音調、画調、

色調とか、技術だけではわりきれない尺度)。

③　技術の本質に泥臭いノウハウが絡んでいること。

④　材料、設計図、マニュアルさえあれば誰もが製品を作れるものではないこと。

１００年間も変わらずに使われてきた理由はこのような点にあるのだろう。レコードの場合について、もう少し詳しく考察してみよう。レコードとは大袈裟にいえば、音声の保存・再生装置である。レコード以降出現してきたＣＤ以外の音声保存・再生装置を時系列的に見ていくと、オープンリール録音テープ、カセットテープ、ＤＡＴ（Digital Audio Tape)、ＩＣレコーダー等の製品が挙げられる。どの製品もレコードよりは技術的に高度で利便性も高い。また価格的にも遜色はなかった。にもかかわらずレコードに置きかわることはなかった。最大の理由は、前記②消費者の商品選定の尺度に、きわめて人間的な感性が絡んでいることにあったのだろう。[35)]

でもなぜほかのものではダメだったのにＣＤには置き換わってしまったのだろうか。

これはもう少し時間をかけて結論を出していきたい命題である。

日本人の心

話はまったく余談であるが、最近演歌がまったく不振とのこと。その理由はいろいろ取り沙汰されているようであるが、演歌とＣＤとは感性的に合わないというのが私の意見である。ＣＤが演歌をダメにしたというのは言い過ぎかもしれないが、演歌を蘇生させるには演歌を感性的にＣＤに合わせることが必要ではないだろうか。その具体策は演歌業界の方々にお考えいただきたい。

お役立ちメモ

32)
LSI：Large Scale Integration
LCD：Liquid Crystal Display

33)
蓄音機の発明はエジソンだが、レコードのような円盤型はエミール・ベルリナーが開発した。エジソンの発明は直管型である。

34)
エジソン電池：正極にニッケル、負極に鉄を用いた電池のこと。ニカド電池は負極にカドミウムを用いたものである。

35)
アナログとデジタル：『変化を連続して表現する』のがアナログで、『メリハリをつけて変化を一気に表現する』のがデジタル。

第10章　悪魔のサイクル

■新製品・新事業開発でありがちなこと

解説しよう！悪魔のサイクル

「悪魔のサイクル」という言葉を紹介したい。一般に言われる悪魔のサイクルとは、技術進歩の激しい半導体のような業界で設備投資をした後、投資回収が終わらないうちに次世代製品のための次の設備投資が必要となってしまい、このサイクルが永遠に繰り返される状況に陥った状態のことをいう。[36)]

私の言う「悪魔のサイクル」はそれとは少し意味合いが異なり、新製品が世の中に出て、事業規模が大きくなるにつれて技術がどんどん変化していく仕組みのことである。この悪魔のサイクルの仕組みをよく理解していないと、とんでもない失敗をしでかすことになる。

新製品開発、新事業開発において、二つのパターンの失敗談がよく聞かれる。

【失敗談1】

「この新製品は世界で最先端の技術レベルにあるという技術屋の言葉を信じて、大金を投じて工場を建てたのに、1年もしないうちに後発組に追い抜かれた。技術屋の言うことは信用ならん」

【失敗談2】

「この新製品は将来大きな事業規模に成長していくという技術者の言葉を信じて、大金を投じて工場を建てたのに、まったく市場は伸びていかない。これでは100年経っても投資回収は不可能だ。技術屋の言うことは信用ならん」

二つともまんまと「悪魔のサイクル」の罠に陥った結果である。

悪魔のサイクルの中身を具体的に説明しよう。

① 新製品が開発され、新規な市場が創出され、その市場が拡大していく。

② 関連する部材、部品等のメーカーはビジネスチャンスととらえ、参入意欲を示す。

③ 新規採用してもらうために研究開発を行い、現行搭載部品、部材との差別化を図

る。

④ 研究開発の成果（性能向上、生産性向上、コストダウン等）により技術革新が起こり、製品の品質が向上する。

⑤ 品質向上により市場が刺激され、さらに市場拡大が起こる。

⑥ 目覚ましい市場拡大を見て、新たなビジネスチャンスと感じ取った人たちがまた大勢やってくる。

この流れを繰り返すのが悪魔のサイクルである。

事業をエンジョイするために

一回このサイクルが回るごとに品質が向上し、市場が拡大し、そして技術が変化していく。品質が向上し、市場が拡大していくのはまことに結構なことである。しかし技術が変化していく、これが困るのである。たとえば新製品のメーカーにとって悪魔のサイクルに乗って競合メーカーが次々にやってくる、もしくは新製品の部品、部材納入メーカーにとって悪魔のサイクルに乗って新たな納入メーカーが次々にやってきたらどうだろうか?　落ち着いて事業をエンジョイする暇がなくなってしまう。そうならないような対策が必要なのである。

■対悪魔のサイクル！特許対策のススメ

負極の特許はコロコロ変わる

また特許についても同じである。悪魔のサイクルが回るごとに有効な特許がコロコロ変わっていく。去年有用であった特許が、今年には無用特許に成り下がってしまう。そうならないような特許対策も必要なのである。

リチウムイオン電池の場合、この悪魔のサイクルがもっとも激しく回ったのは負極カーボン材料である。リチウムイオン電池が製品化され、その負極材料にカーボンが使われていることが明らかとなる。なにがしかの形でカーボンに関わりのあるメーカーにとって降って湧いたような話である。

―カーボンで電池ができる!?―

彼らにとって新規用途が突然出現したのである。まさにビジネスチャンスが転がり込んできたというわけである。

カーボン狂騒曲

負極用カーボンの初代は例の「八重洲の黒ダイヤ」であった。ただし、これは既製品であってリチウムイオン電池のために設計されたものではなかった。しかし、リチウムイオン電池が製品化されるやいなや、リチウムイオン電池のためのカーボンの設計開発が一斉に始まった。カーボンの専門家たちがリチウムイオン電池のためのカーボンの開発に専念するのであるから、当然その成果として次々に新しいカーボンが開発されていった。[37)]

とくにカーボンという材料は、炭素という元素で構成される点ではすべて同じであるが、特定された化合物ではなく、原料の選択、焼き方、処理の仕方等により、きわめて多様なカーボンを作り出すことができる。既製品では予想だにできなかった性能（とくに容量）のカーボンが次々に実用化されていった。

これによってリチウムイオン電池の電池容量は図10・1のように年々向上し、たとえ10分でも20分でも駆動時間を長くしたいというパソコンメーカー、セルラーメーカーの切実な要望を満たしてきた。この結果、リチウムイオン電池の市場は、図10・2のように年々拡大していったのである。[38)]

代償は栄枯盛衰

その代償として、負極カーボン技術の中身は毎年コロコロ変わり、負極カーボンの主要メーカーは1995年時点（図10・3）と2003年時点（図10・4）でまったく様変わりしてしまっている。これもまた悪魔のサイクルの仕業である。

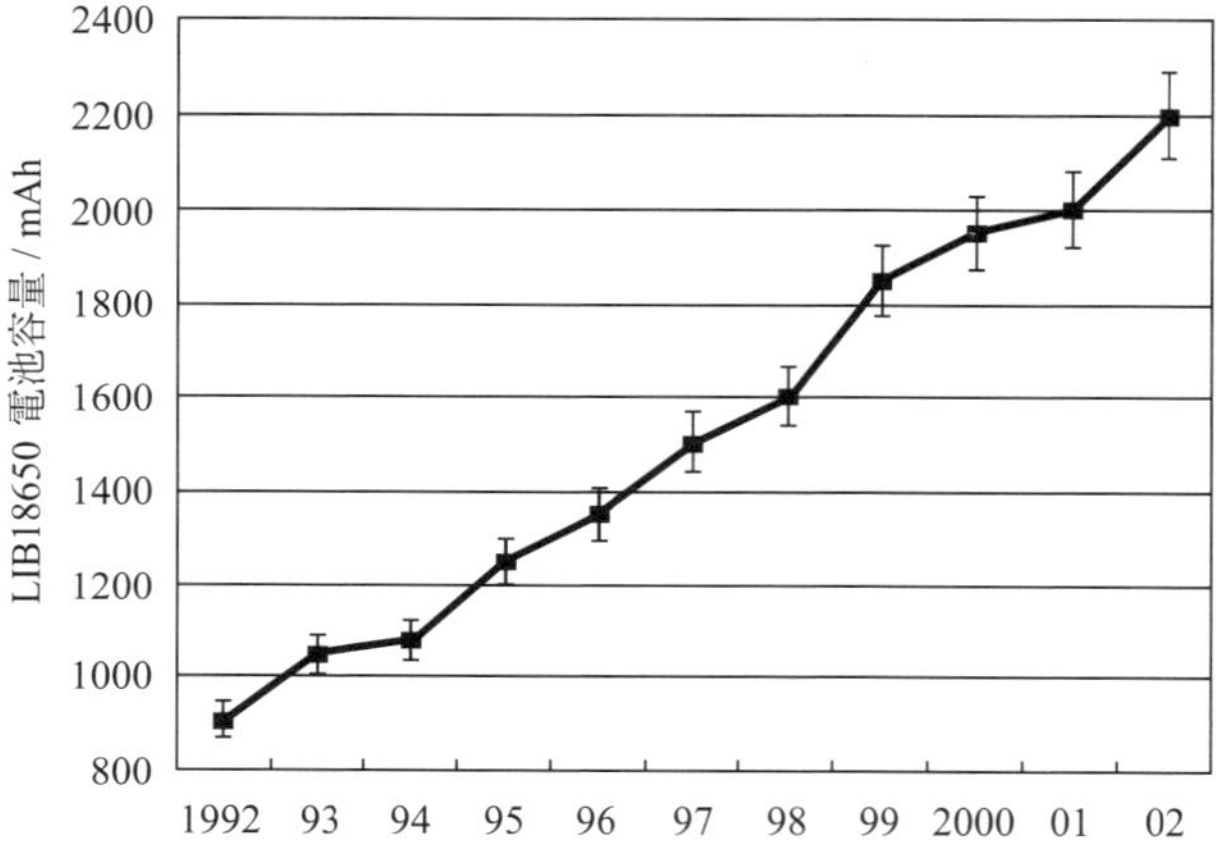

図 10.1　円筒型リチウムイオン電池 18650 の電池容量アップの推移

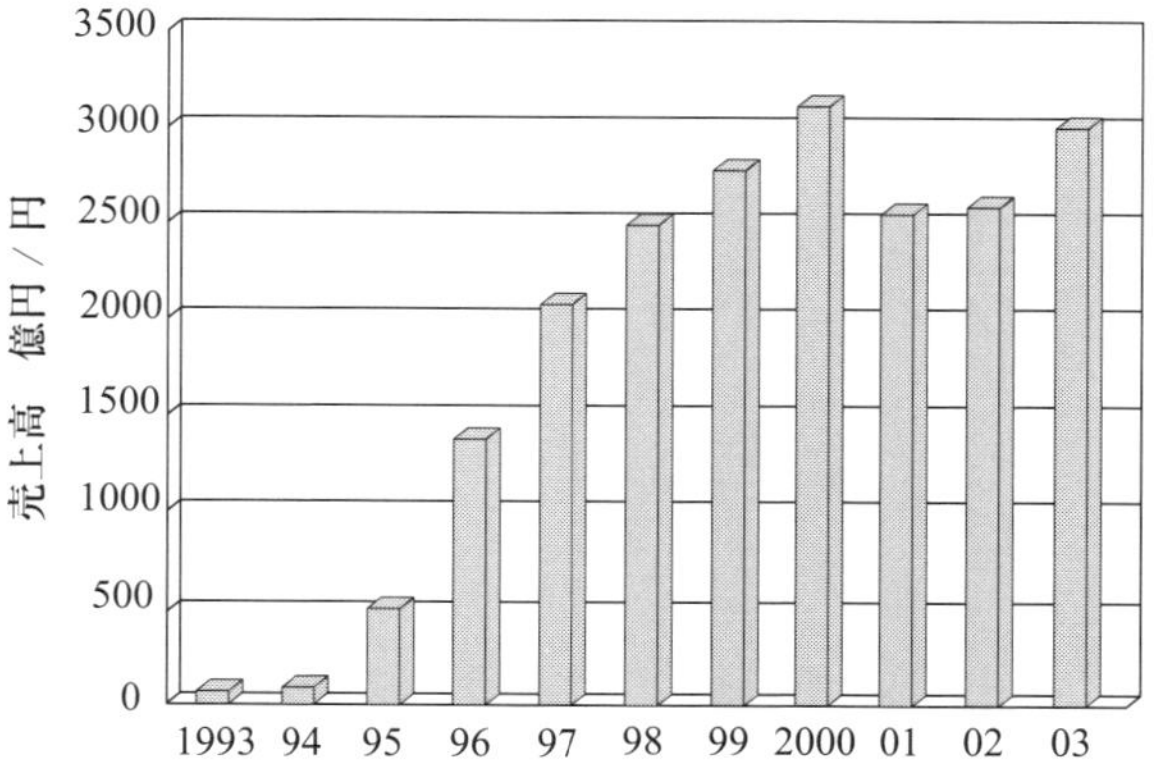

図 10.2　リチウムイオン電池の市場規模推移

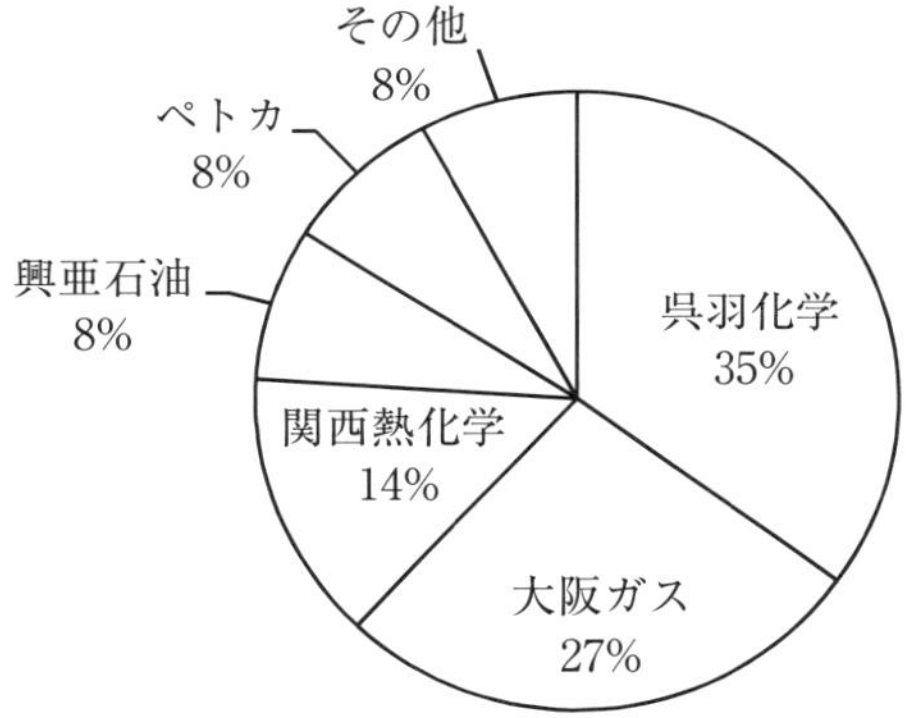

図 10.3　負極用カーボンメーカーシェア（1995 年）

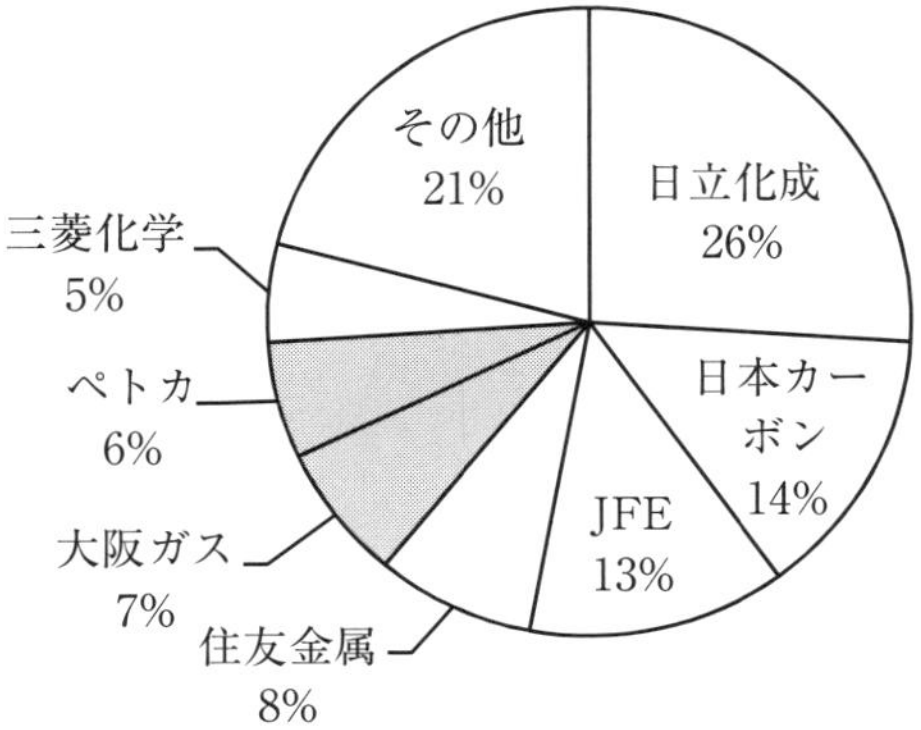

図 10.4　負極用カーボンメーカーシェア（2003 年）
（出典：IT 総研）

1995年に主要シェアを占めていたメーカーで、2003年に残っているのは2社しかなく、それ以外の後発組がシェアの大半を占めている。いかに激しく「悪魔のサイクル」が回ったかを図が物語っている。

リチウムイオン電池の性能向上と、市場拡大にもっとも貢献したカーボンメーカーが事業をエンジョイする暇がなかったのは何とも皮肉な結果である。なんとかこの悪魔を退治する方法はないのだろうか。

■悪魔のサイクルとの正しい付き合い方

悪魔は退治すべき?

この悪魔は退治してしまった方がよいのであろうか? いや、退治してはいけないのである。悪魔のサイクルが回るからこそ品質が向上し、市場が拡大するのであり、絶対必要なのである。悪魔を退治してしまうと、品質向上、市場拡大がその時点でストップしてしまう。悪魔のサイクルが回っても、事業をエンジョイできるようにすればよいのである。そのためにはどうすればよいのであろうか。もう一度整理してみよう。

そもそも新製品、新事業が創出され、その事業規模が大きくなりそうだというにおいを嗅ぎつけて悪魔が集まってくるのである。とすれば、新規事業の基本パターンを将来の事業規模が大きい場合と小さい場合とに分けて、その対処方法を考えていくと話がわかりやすい。

悪魔のサイクルとの正しい付き合い方～事業規模が小さい時～

まず将来の事業規模が小さい場合を考えてみよう。将来の事業規模が小さいのであるから悪魔のサイクルは回らない。「猫またぎ」ならぬ、悪魔もまたいで通り過ぎてしまうような事業の場合である。[39] 決してこのパターンの新事業を否定するわけではなく、ニッチな事業領域を狙っていくという立派な事業戦略の一つである。[40] 激しい技術革新が起こらないのであるから、のんびりと事業をエンジョイすることができる。ただし、事業規模が将来的にも小さいのであるから、投資は最小限で済まさないと投資回収ができない。最小の開発・事業投資で事業化し、事業化後も余計な次期商品開発などをしてはならない。

もっとも大事なことは、開発者自身が経営陣に対し、最初から大きな話をしない、期待させないことである。ここでミスリードにより経営判断を誤らせ、分不相応な開発投資や事業化投資をされてしまうと、100年かかっても取り返しのつかないことになる。

悪魔のサイクルとの正しい付き合い方～事業規模が大きい時～

では、問題の将来の事業規模が大きく、悪魔のサイクルが回る場合の対処方法はどうすればよいのであろうか。

まず大切なのは、悪魔のサイクルを止めようとしてはいけないということである。むしろ積極的に回すことを心がけ、しかもそのサイクルが自分の手のひらで回るように仕組めばよいのである。そのためには事業規模が大きく、悪魔のサイクルが回るパターンの事業であることを開発者自身がまず十分に認識し、大きな開発投資と継続的な事業投資が必要なことを経営陣に理解させることが重要である。

そして次に、カスタマー（顧客）が望む的確な時期に事業化投資を行うことが重要である。事業化後で大事なことは、カスタマーにフラストレーション（品質不満）を蓄積させないように、彼らの不満を迅速に把握し、的確な次期商品開発投資を行うことである。カスタマーに不満が溜まることが悪魔が付け入る隙になるのであり、不満を迅速に取り除いてやることにより、「悪魔のサイクル」が自分の手のひらで回るように仕向けることができる。

もう一つ重要なことは特許対策である。悪魔のサイクルが回りだし、技術が変化し始めると当然特許の価値がどんどん変化していく。基本特許を確実にすることも重要であるが、悪魔のサイクルに対してもっとも有効なのは次章「第11章　重要特許のチャンスは何度でもある！」の章で述べる「関所特許」をできるだけ多く確保しておくことである。

新製品・新事業開発で失敗しないために

以上のことをまとめると、表10・1のような簡単な基本パターンになる。表にまとめてみると至極当たり前のことの羅列である。しかし、それでも新規事業での失敗例が多いのは、表10・1に書かれていることを「たすきがけ」に曲解する人が多いことに起因する。

本章の冒頭で述べた新製品開発、新事業開発における二つのパターンの失敗談を思い出していただきたい。

【失敗談1】

「この新製品は世界で最先端の技術レベルにあるという技術者の言葉を信じて、大金を投じて工場を建てたのに1年もしないうちに後発組に追い抜かれた。技術屋の言うことは信用ならん」

←

将来大きくなる事業の芽を一番乗りでつかんだにも関わらず「悪魔のサイクル」に対

表 10.1　新規事業の基本パターンと対処方法

新製品の将来の事業規模	悪魔のサイクルの有無	対処方法
大	有り	的確な事業化投資 カスタマーの不満を迅速に把握 的確な次期商品開発投資 的確な特許対策
小	無し	最小の開発・事業投資（人員・期間） 余計な次期商品開発をしない 最初から大きな話をしない

する的確な対処を怠ったためである。もったいない話である。

【失敗談2】

「この新製品は将来大きな事業規模に成長していくという技術屋の言葉を信じて、大金を投じて工場を建てたのに、まったく市場は伸びていかない。これでは100年経っても投資回収は不可能だ。技術屋の言うことは信用ならん」

←

将来の事業規模が小さいにもかかわらず、やる必要のない「悪魔のサイクル」対策をしてしまったためである。バカみたいな話である。

お役立ちメモ

36)
悪魔のサイクル：上記以外にも、悪いことによって状況がさらに悪くなる時にもよく用いられる。デフレスパイラルもその一種？

37)
カーボン：言わずと知れた炭素のこと。ダイヤモンドから生物の体まで、さまざまな形でいたるところに存在している。

38)
図10.2を見ていただきたい。2001年と2002年が落ち込んでいるのがわかるであろう。さて、何があったのだろうか。ヒントは○○不況。

39)
猫またぎ：猫もまたいで通り過ぎるような魚のこと。転じて、誰も見向きしないもののことを指す。しかし拾ってみると意外と美味だったり・・・

40)
ニッチ領域の開発：誰しも自分の研究はかわいいもの。プレゼンにおいて認めてもらいたくて風呂敷を大きめに展開することもある。

第11章　重要特許のチャンスは何度もある！

■登山にたとえてみる

特許における二つの条件

ここで少し特許のお話をしたいと思う。[41] 新規製品開発、新規事業開発において特許は非常に重要なものである。特許とは「世の中に役に立つことを最初に見出した（発明）人に与えられる独占権」である。この特許の仕組みを富士山をたとえにしてわかりやすく説明したい。もちろん、自然物は特許の対象にならないので、あくまでたとえの話である。

富士山の頂上に人類で最初に到達した人は必ずいるはずである。この最初に到達した人に特許権という富士山頂の独占権が与えられる。ただし、次の二つの条件が満たされた場合に限られる。

① それ以前に誰も富士山頂に到達した人がいないことが実証されていること（新規

性)。

② 山頂に至るルートが明らかにされていることと、そのルートを見つけることがいかに困難であったかが実証されていること（進歩性＝創作の困難性)。

20年間の独占権！しかし、富士山に自由に登山できるわけ

この二つの条件がクリアされていることが特許庁に認められると、その人に対し出願の日から20年間、次の二つの権利が与えられる。

① 富士山頂に独占的に登頂する権利が与えられ、他の人が富士山の頂上に登ることを排除できる。あるいはどうしても頂上に登りたい人に対しては有料（登頂料＝特許料）で登頂権を許諾することができる。

② その人が見つけた最初の登山ルートを独占的に使用する権利が与えられ、他の人がその登山ルートを使用することを排除できる。あるいはどうしてもその登山ルートを使用したい人に対しては有料（通行料＝特許料）で通行権を許諾するこ

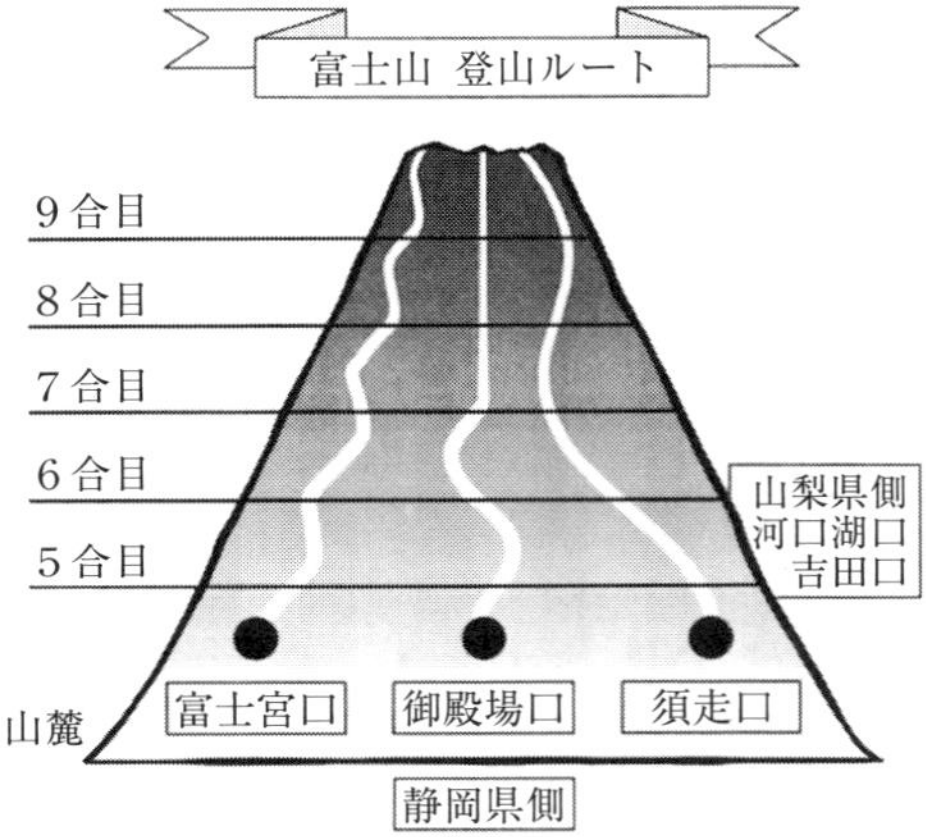

図 11.1　登山ルート

とができる。

現在、富士山の登頂ルートは図11・1に示すように静岡県側3ルート、山梨県側2ルートの計5ルートがある。富士山の頂上に人類で最初に到達した人が一体どのルートを通って山頂に至ったのか私にはわからないが、いずれにしても特許制度が確立する前である。

また図11・1の5つの登頂ルートが見出されたのも、多分特許制度が確立する前であろう。したがって現在、富士山頂にも登頂ルートにも特許権は存在しない。

つまり、現在、富士山に登る人は特許料

を払う必要がない。幸いなことである。

■登山のススメ？いやいや特許のススメ！

リチウムイオン電池山登頂成功！でどうなる？

本来の特許の話に戻そう。基本的に新製品開発における特許の仕組みは前述の富士山登頂と同じである。リチウムイオン電池という新製品開発を例に具体的に考えてみよう。

まず、リチウムイオン電池という新製品を最初に見出した人、すなわち「リチウムイオン電池山」の初登頂に成功した人に特許権が与えられる。[42]

この時、特許権が与えられる条件は前述のとおりであり、

① リチウムイオン電池がそれまでの世の中で知られていなかったことが実証されていること（新規性）。

② リチウムイオン電池を実現するための方法が記載されていること及びその方法を

見出すのに幾多の困難があったことが実証されていること（進歩性）。の二つの条件が満たされていなくてはならない。

山麓から5合目への第一歩から幾多の試行錯誤、紆余曲折、失敗、新しい発見等を経て、最終的に頂上に至るまでの道筋とその苦労、さらに頂上にたどり着いた時に世の中に非常に有用なリチウムイオン電池という新製品を最初に見出したというサクセスストーリーが特許出願書（出願明細書）に書かれてあればよいのである。

そういうことがきちんと書かれてあれば、ご褒美の一つとしてリチウムイオン電池という新製品の独占的な製造権と販売権がもらえるのである。また、ほかの人がどうしてもリチウムイオン電池を製造販売したいと言ってきた場合には、莫大な特許料を手にすることもできる。

この第一のご褒美は、最初に山頂に到達したことに対して与えられるものであるので、その登頂ルートに制限はない。つまりそのあとに見つけられるであろう新しい登頂ルートを経て山頂に到達した人に対しても権利を主張することができるのである。それだけ広範な権利である。

最適ルートでなくてもよい、どんな回り道であってもよい、とにかく最初に山頂に到達することの方が、改良登頂ルートを見つけるよりも困難だからである。

基本特許の重要さ

重要特許とは一言で言えば、「回避不可能」な特許である。山頂に到達するのが目的であれば、山頂を権利として押さえれば当然回避不可能な特許となる。基本概念、基本原理、基本構成を押さえた特許、いわゆる基本特許と称されるのである。[43)]

リチウムイオン電池の場合、私が出願した「正極に$LiCoO_2$、負極にカーボンを用いた二次電池」というリチウムイオン電池の基本構成を権利範囲とする特許第2668678号がこれに相当する。正極に$LiCoO_2$、負極にカーボンを用いた二次電池である限り、$LiCoO_2$をどんな作り方をしようが、どんな種類のカーボンを用いようが、どんな電解液、セパレータを使おうが関係なく、権利を主張できるのである。すなわち、登頂するためのルートはどれでもよいのである。

2匹目のドジョウは・・・

最初に登頂に成功した人に与えられる第二のご褒美は、その人が最初に登頂した時のルートに対する独占権である。最初に登頂したのだから、山頂に通じるそのルートを見つけたのは、その人が最初であることは紛れもない事実なので、当然権利が与えられる。ほかの人がそのルートを通ることを排除できるし、またそのルートを通る人から通行料を取ることもできる。ただし、この権利の場合は、新たな登頂ルートに対しての権利についてては主張することができないので、あまり強い権利ではない。なぜならば一旦登頂に成功したことがわかると、多数の人が新しい登頂ルートを探し始め、もっと安全で、短期間で、苦労せずに登頂できる合理的なルートが次々に見出されていくからである。[44]

参考資料⑴：特許の調査から権利の消滅まで

① 調査
同じような内容の出願がすでにあるかどうか調べる

↓

② 研究開発
アイディアに沿って研究開発を行う

↓

③ 明細書作成
出願のための書面や図面を作成する

↓

④ 出願
様式に沿って出願をし、方式審査※が行われる
※形式を満たしているかどうかを審査される

↓

⑤ 出願公開
出願から18ヶ月で公開される※
※公開されると特許の保証金請求権が早期発生するため、異議がある時は15ヶ月以内に手続きをする必要がある

↓

⑥ 審査請求
出願後3年以内に審査請求をする必要がある

↓

⑦ 実態審査
産業上利用可能性、新規性、進歩性などを特許庁が審査する

↓

⑧ 特許査定
実態審査で問題がない（なくなると）、特許としてもよいという通知がくる

↓

⑨ 設定登録
ここで特許権が発生する

↓

⑩ 特許公報掲載
特許公報に掲載される

↓

⑪ 特許権の存続と消滅
毎年、特許継続のために年金を支払う必要がある。特許は出願日より20年間保護される

※次頁の特許は吉野氏が実際に取得された特許である

参考資料(2)：特許公報

(19)日本国特許庁（ＪＰ）　(12)**特　許　公　報**（Ｂ２）　(11)特許番号

第2668678号

(45)発行日　平成９年(1997)10月27日　(24)登録日　平成９年(1997)７月４日

(51)Int.Cl.^{6}	識別記号	庁内整理番号	ＦＩ		技術表示箇所
Ｈ０１Ｍ　10/40			Ｈ０１Ｍ　10/40	Ｚ	
4/58			4/58		

発明の数１（全　４　頁）

(21)出願番号　特願昭61－265840

(22)出願日　昭和61年(1986)11月８日

(65)公開番号　特開昭63－121260

(43)公開日　昭和63年(1988)５月25日

(73)特許権者　999999999
旭化成工業株式会社
大阪府大阪市北区堂島浜１丁目２番６号

(72)発明者　吉野　彰
川崎市川崎区夜光１丁目３番１号　旭化成工業株式会社内

(72)発明者　四方　雅彦
川崎市川崎区夜光１丁目３番１号　旭化成工業株式会社内

(74)代理人　弁理士　豊田　善雄

審査官　吉水　純子

(56)参考文献　特開　昭60－235372（ＪＰ，Ａ）
特開　昭62－122066（ＪＰ，Ａ）
特開　昭55－136131（ＪＰ，Ａ）
特公　平４－24831（ＪＰ，Ｂ２）

(54)【発明の名称】　二次電池

1

(57)【特許請求の範囲】

1．構成要素として少なくとも正極、負極、セパレーター、非水電解液からなり、3.9V以上の起電力を有する二次電池であって、正極として、$LiCoO_2$及び／又は$LiNiO_2$を用い、負極としてカーボン（BET法比表面積Ａ（㎡／g）が0.1＜Ａ＜100の範囲で、かつＸ線回折における結晶厚みLc（Å）と真密度ρ（g/cm³）の値が条件1.80＜ρ＜2.18、15＜Lcかつ120ρ－227＜Lc＜120ρ－189を満たす範囲にある炭素質材料を除く。）を用いることを特徴とする二次電池。

【発明の詳細な説明】

［産業上の利用分野］

本発明は新規な二次電池、更には小型、軽量二次電池に関する。

［従来の技術］

2

近年、電子機器の小型化、軽量化は目覚ましく、それに伴い電源となる電池に対しても小型軽量化の要望が非常に大きい。一次電池の分野では既にリチウム電池等の小型軽量電池が実用化されているが、これらは一次電池であるが故に繰り返し使用できず、その用途分野は限られたものであった。一方、二次電池の分野では従来より鉛電池、ニッケルーカドミ電池が用いられてきたが両者共、小型軽量化という点で大きな問題点を有している。かかる観点から、非水系二次電池が非常に注目されてきているが、未だ実用化に至っていない。その理由の一つは該二次電池に用いる電極活物質でサイクル性、自己放電特性等の実用物性を満足するものが見出されていない点にある。

一方、従来のニッケルーカドミ電池、鉛電池などと本質的に異なる反応形式である層状化合物のインターカレ

■悪魔のサイクルを見破れ！

悪魔のサイクルに踊らされてしまうと…

図11・2を見ていただきたい。初登頂成功の報を知るや、多くの人が一斉に新しい登頂ルートを求めて開拓を開始する。その結果、次から次に新ルートが提案され、最終的にはもっとも合理的な登頂ルートAが見出されて、技術、製品が完成する。

その時点では、苦労して苦労して見つけた最初の登頂（点線）がいかに回り道で、無駄なルートであったかが暴露され、その登頂ルートを通るようなバカな人はいなくなる。苦労が水泡に帰するのである。このように一旦新製品、新事業が世の中に出た瞬間にめまぐるしい技術開発、技術進歩が起こり、技術の中身がどんどん変化していく。私はこの現象を「悪魔のサイクル」と呼んでいる。とくにその市場規模、事業規模が大きく成長する可能性を秘めている場合に、この現象は顕著である。

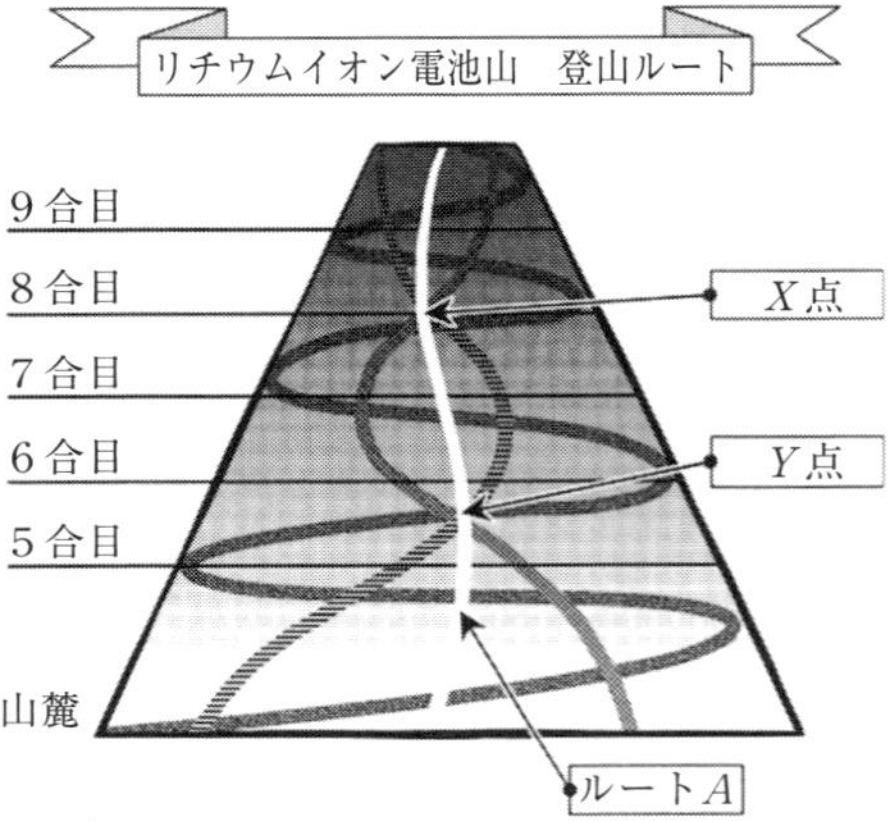

図 11.2　リチウムイオン電池山登山ルート

この悪魔のサイクルという現象をよく理解していないと、最初に苦労したパイオニアがバカを見るという悲しい結果を招くことになる。この悪魔のサイクルの仕組みは、新製品開発、新事業開発に携わる人にとって、極めて重要な点なので、第10章で詳しく述べた。

砂粒の中のダイヤ

以上の通り、別のもっとよい迂回ルートが次々に出現してくるので、登頂ルートに関する特許は回避不可能な特許とはならない。すなわち重要特許とはならない。では回避不可能な重要特許が生まれるチャンスは前述の基本特許1回だけなのだろうか。実はそうではない。

もう一度図11・2をよく見ていただきたい。異なった登頂ルートが次々に見出されてくるのであるが、不思議なことにどのルートも必ず共通で通過する点が複数個所ある。しかも最初の登頂者もそこを通っている。図11・2ではX点、Y点としている。すなわち技術はどんどん変化していくのであるが、その変化の中でまったく変化しない部分が必ず存在するのである。具体的にはリチウムイオン電池を構成する些細な部品、些細な材料、些細な方法等の中で何がしかの理由があって変化できない点が必ず何か所かあるのである。

この点を特許として押さえれば、いくらルートが変化しても、その点は必ず通過しなければならない関所みたいなもので、回避不可能である。すなわち重要特許となりうるのである。[45)]

■とおりゃんせ、特許の関所

関所特許

私はこの類の重要特許を「関所特許」と呼んでいる。先ほど、初登頂者は最初の登頂ルートの権利をもっているといった。しかもその初登頂者もちゃんと関所（X点、Y点）を通過していたのだから、関所の権利は初登頂者にあるのではないかと思われるかもしれない。

たしかに関所（X点、Y点）をその人が通過したのは事実かもしれないが、特許出願書（出願明細書）にX点とY点を通過したという明確な記載と、その点がもっとも重要な点であることの明確な記載がないと権利にはならない。その点がもっとも重要であると初めて気づいた人の権利になる。

これは特許法で定められている「選択発明」という制度である。すなわち、たとえあとから参入した人であっても、真に有用な改良を成し遂げた人にはその改良部分に対して権利を与えようというのである。そうしたチャンスを与えることで、技術の進歩を促そうというのが特許法の精神なのである。

リチウムイオン電池の関所特許

リチウムイオン電池の場合の典型的な「関所特許」を紹介しよう。私の出願した特許第2128922号である。この特許の内容は「リチウムイオン電池の正極集電体にアルミ箔を用いる」というものである。集電体とは、第6章と写真6・1で説明したように、電流を外部端子に伝えるための部材であり、リチウムイオン電池の技術全体からすると、実に些細な部品である。

電流を外部端子に伝えるだけのためならば、鉄、銅、ニッケル、ステンレス等ほかの部材がいっぱいあるではないかと思われるであろう。でも、ある理由でアルミでないとダメなのである。その理由とは？

小学校か中学校の理科の電気めっきの実験を思い出してほしい。+極に銅板を、−極にスプーンを吊るし、電圧をかけると+極の銅板が溶けて−極のスプーンに銅がきれいにめっきされたはずである。

金属を電解液につけて電圧をかけると、ある電圧でその金属が溶け出すのである。たしかに、起電力の低い従来の電池であれば、どの金属も使えるのだが、リチウムイオン電池の起電力は4V以上とずば抜けて高い。

大抵の金属は溶けてしまうのである。原理的に溶けないのは金、白金等の貴金属しかないが、これではコスト的に実用にならない。汎用金属の中で唯一例外的にアルミが使えたのである。逆に言うと、金、白金以外ではアルミしかない。これが「関所特許」である。

重要特許のチャンスは何度でもある

新製品開発において、この類の「関所特許」はもちろん1個ではなく複数個存在する。

もし、あなたが初登頂を目指すパイオニアであったならば、まずはひたすら頂上に到達する道を模索し、最初に頂上に到達しなければならない。同時に頂上への道を模索しながら、将来ここが関所だという場所を見つける努力もしなければならない。そうしないと、たとえ初登頂に成功しても、関所はあとから来る他人の財産になってしまう。[46]

もし、あなたがあとから追いかけてきた後発組ならば、初登頂者がたどった道の中で、将来ここが関所になると考えられる場所を必死で探すことが重要である。もし関所を見つけることができれば、初登頂者と同等の名誉と財産を手にすることができる。とくにこの「関所特許」を見つけることができるかどうかは、開発に携わる人のもっとも大事な使命であり、また最大の腕の見せ所でもある。

繰り返すようだが、重要な特許は二つある。まずは、基礎研究段階で生まれる広範な権利範囲をカバーする「基本特許」。もう一つは基礎研究から実用研究に移行する過程で生まれる実用特許的なもので、カバーする権利範囲は狭いが、実際に製品を世の中に出すときには避けて通れない「関所特許」。特許としての価値は基本特許と同等で、しかもこの関所特許は複数個生まれる。したがって、重要特許のチャンスは何度でもある。

「基本特許」と「関所特許」どっちが強い

さきほど「基本特許」と「関所特許」は同等の価値があると述べた。しかし実際は「関所特許」のほうがはるかに強いケースが多々ある。「基本特許」でさえ悪魔のサイクルに負ける時があるのである。初登頂に成功し、ここが頂上だと信じきっていても、よくよく調べてみると雲影に隠れて本当の頂上はその上にあった、というケースがよくある。すなわち、「基本特許」が変わってしまうのである。悪魔のサイクルの仕業で、技術がよりよい方法に変化してしまうのである。

こうなると「旧基本特許」はまったく価値を失ってしまう。しかし新しい頂に登るときにも、やはり関所は通らなければならない。「関所特許」は執拗に生き続けるのである。したがって最終的に「関所特許」は「基本特許」よりも強い、が結論である。

お役立ちメモ

41)
国際特許という言葉は正しい表現ではない。世界各国で共通に通用する特許は現在のところ存在していない（議論中）。海外にも特許の出願はできるが、手続きが煩雑なのが現状である。

42)
リチウムイオン電池山。実際の山に見立てたら、どんな山になるのだろう。大きなエネルギーと活発な開発。やっぱり富士山がイメージに合うような気がする。

43)
基本特許の最たるものに「物質特許」というものがある。ある新規の物質を特許登録した場合、その物質のあらゆる用途・製法が保護される強力な特許。

44)
別のルートを通ることを応用特許という。基本特許を持っていても応用特許で合理的なルートを押さえられると、手が出しにくくなってしまうこともある。

45)
関所を他国（他社）に取り押さえられてしまうと、ピンハネされたり通行を禁止されたりと、大変なことになってしまう。

46)
前述のメモと逆に、基本特許がなくても、関所特許を取ることができたら、ピンハネすることもできる。

第12章　100万分の1のバラ

■ものは考えよう

ひらめきの成功確率

世界に通用する独創的な新規商品、新規事業を開発できる成功確率はどれくらいであろうか？　思いつき、ひらめきといったアイデアの段階から実のある成果、すなわち企業収益貢献や社会的貢献にまでつながる確率は100万分の1程度ではないかと私は思う。この100万分の1という確率は高いのだろうか、低いのだろうか。

次の二つの会話をお聞きいただきたい。

【会話1】
「このリチウムイオン電池の品質保証は万全です。重大な事故につながる欠陥品は出たとしても100万個に1個でしょう。大丈夫ですから、出荷しましょう」

「そうか。そこまで自信があるのなら、出荷しよう」

【会話２】

「新規商品開発、新規事業開発の成功確率は１００万分の１だそうだね。こんな割の合わない仕事はやりたくないね」

「そうだね。日本人全員が総出で丸１年間、開発に専念しても無理だね」

この二つの会話、どこか変ではなかろうか？

２００２年度に世界中で8.7億個のリチウムイオン電池が生産・販売されている。もし、重大な事故につながるリチウムイオン電池を１００万個に１個の割合で出荷していたとすると、8.7億個×１００万分の１＝８７０、実に１年間に８７０件もの重大な事故が発生してしまうことになる。これは大変な確率である。

■100万分の1

バラ色の未来

日本の総人口1.2億人が総出で1年間開発に専念するとすれば、1.2億人×100万分の1＝120！

実に毎年120件の世界に通用する独創的な新規商品、新規事業が日本から生まれていくことになる。これも大変な確率である。これが実現したら、日本の未来はバラ色である。

私は100万分の1という確率は決して低いとは思わない。やり方次第で非常に確率として高いものだと思う。とはいえ、一般の人から見て、100万分の1は宝くじに当たるよりも低い確率に思えるのも事実である。

では10分の1の確率ならどうであろう。これなら何とかなると思われるのではないであろうか。

「ここに10のルートがある。この中から正しいルートを一つ選びなさい。期間は２ヶ月、経費は１０００万円。この範囲内であれば海外に調査に行ってもよい、調査会社にサーチを頼んでもよい、ありとあらゆる手段を使っていいから、10の中から正しいルートを一つ選びなさい」

こういわれるとできそうな気がしないでであろうか？　これを６回繰り返せばよいのである。５回連続して10の中から正解を一つ選ぶことができれば（10分の１）の６乗＝１００万分の１の確率の正解を見事に当てたことになる。

１００万分の１のバラを手にすることは、そう難しいことではないのである。日本人の１２０人に１人がこれをできれば、１００万本のバラを毎年世界中で花咲かせることができるのである。

ちなみに加藤登紀子の「百万本のバラの花」が巷に流れていたのは１９８８年のことである。この年のレコード大賞受賞は光ＧＥＮＪＩの「パラダイス銀河」であった。

今だから話せる開発秘話③

「第11章　重要特許のチャンスは何度もある!」の図11・2を思い出していただきたい。

山麓から5合目に到達する正しいルートを見つけ出す確率を1／10としよう。新製品開発でいえばひらめきの段階、10のひらめきから正しいひらめきを一つ選べばよいのである。

5合目から6合目のルート、新製品開発でいえば探索研究の段階である。ひらめきを実現する10の方法から正しい方法を一つ選べばよいのである。

6合目から7合目、新製品開発でいえば基礎研究の段階である。研究成果をうまくニーズにマッチさせる重要な段階である。10のマーケットから正しいマーケットを一つ選べばよいのである。

7合目から8合目、新製品開発でいえば商品化研究の段階である。マーケットが求めるスペックを満たすための方法を10の中から一つ選べばよいのである。

8合目から9合目、新製品開発でいえば事業化研究の段階である。市場の動きをよく睨み、正しい投資時期を10の中から一つ選べばよいのである。

9合目から山頂、新製品開発でいえば事業化から投資回収、収益を得る段階である。カスタマーが永続的に品質に満足するような正しい施策を10の中から一つ選べばよいのである。

山麓から山頂までのルートの全てを真っ正直に当たっていくと、その組合せは１００万通りもある。これを全て調べていったのでは１００年掛かっても山頂には到達しない。

ステップ毎に1／10の確率を確実に当てていくことが新製品開発、新規事業開発成功の秘訣である。

日本人の１２０人に１人がこれをできれば、1.2億×１２０分の１＝１００万、

リチウムイオン電池山　初登頂成功確率

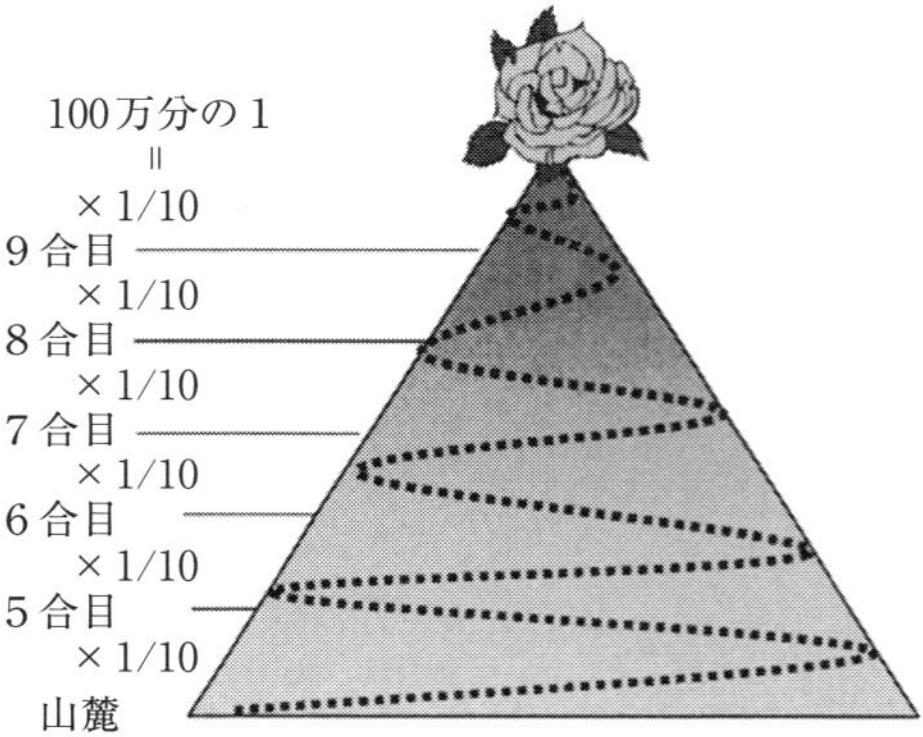

100万本のバラを毎年世界中で花咲かせることができる。

第13章　超現代史のススメ

■先を読むことの難しさ

10年先のこと

よく言われることであるが、新規製品開発、新規事業開発でもっとも重要な点は、先を読むことである。先とはだいたい10年くらいのスパンである。これが難しい。皆さんも日頃苦労されておられると思う。

「10年先のことを考えろ」と言われたら、普通の人はどうするだろうか。「10年後の日本」とか「未来技術」というキーワードでインターネット検索をまず始めるだろう。それで情報が出てくるのは確かであるが、いろいろな意見が膨大に出てくるだけで、180度方向性が散乱するだけである。本来求めていた10年後のベクトルは見出せない。

超現代史

そこでお勧めしたいのが「超現代史」である。「超現代史」とは、私が勝手につけた名前であるが、定義は以下のとおりである。

超現代史とは

①　過去10年間に起こったことを時系列的に正確に把握し、

②　現在にいたるまでの因果関係を正確に総括したうえで、

③　この先10年間に起こることを正確に洞察するツール

である。

過去10年間に起こったことを時系列的に正確に把握するというのは、○○年○○月に何が起こったかという客観的な事実を正確に把握して、時系列的に並べることである。「月単位」の精度で把握することと「客観的な事実」であることが重要な点である。月単位の精度で並べるので、もちろんその情報は一次情報でなければならない。[47]

○○年○○月にある出来事が起こったということが、××年××月の雑誌に載っていた、という場合は、当然この出来事は××年××月ではなく○○年○○月にプロットしなければならない。

■夢の仕組み

話のデフラグ

「吉野くん、つい最近、夢を見るメカニズムが解明されたのだよ」

話は横道にそれるが、最近、長崎のある大学の学長さんから面白い話を聞いた。学長の話によると、人間はコンピュータと同じようにデフラグを行っている。それは睡眠に入った瞬間に始まり、生まれた時からのすべての記憶を呼び出し、整理、再配列して、また記憶に戻している。これを毎日1回やっているという。[48)]

もちろん睡眠中なので、この時に呼び出された過去の記憶は意識領域には入ってこないのであるが、まれに呼び出された記憶の一部が意識領域に紛れ込んでくる。この過去の記憶の一部が核となって作られた物語が夢である。脳をもっている生物にはすべて同じメカニズムが備わっているそうで、イヌもサルも夢を見るようである。この夢の仕組みを解明した学者は将来的にノーベル医学賞を受けるのではといわれているそうだ。バイオ技術が脳の機構まで入り込んできたわけで、大変興味深いような、怖いような話である。

覚えているようで思い出せないこと

私が関心したのは、われわれが生まれた時からの記憶をすべて残しているという点である。記憶はされているが、残念ながら自由にアクセスできないようになっている。これは一種の脳の防御機能的なもので、たしかに生まれた時からの記憶を自由にアクセスできるようになると、多重人格症状から精神異常におちいってしまうだろう。

超現代史の話に戻るが、○○年○○月に何が起こったかという情報は、間違いなく我々の脳の中に格納されているはずである。生まれた時からの記憶は別として、この10

年間に起こったことくらいは自由にアクセスできそうなものだ。

しかし、本当にそうだろうか。ここで質問。

「現在のＩＴ社会に大きな影響を及ぼした出来事が１９９５年10月に日本で起こった。それは何か？」

即答できる人は少ないだろう。答えは、Windows 95の発売である。読者の中には、夜中に秋葉原で並んだ方もおられるのではないだろうか。[49]

答えを知れば、なぁ〜んだ、という話であり、この事実が一つわかると芋づる式にこの前後に起こった出来事が記憶から呼び出されてくる。これが人間の脳の仕組みなのである。

この10年間に起こった出来事を時系列的に並べる意味はここにある。月単位で時系列的に並べる作業は大変である。できれば、新聞社か雑誌社が定期的に発表しているものに足りない情報を追加していくやり方がスマートであろう。それでも手間はかかる。しかし年表としてまとめることで、初めてわかることもある。意義のある作業だと私は思っている。

■10年年表が教えてくれること

1995年はターニングポイント

1995年に起きた出来事をいくつか挙げてみると、

・1995年4月　ヤフーコーポレーション設立
・1995年10月　マイクロソフト、Windows 95発売
・1995年11月　インテル社、ペンティアム・プロを発表

といった現在のインターネット社会の基盤となる重要な出来事が1995年に集中して起こっていることがわかる。

① 自分なりに年表を整理してみることで、過去10年間に起こったことを時系列的に正確に把握できる。

② 現在に至るまでの因果関係を正確に総括とは、この10年をさかのぼり、現在の状況に至った過程を理解することである。

日米栄枯盛衰

1995年の1年前にはこんなことも起きていた。

・1994年2月　細川首相、アメリカと貿易摩擦交渉。半導体協定延長等で決裂。細川総理と言えば「大人の関係」発言で国民の支持を得たことを思い出す。この頃、日本の半導体産業が世界を制覇し、米国と摩擦を起こしていた。日本の半導体が絶頂期だったのである。この数年前には汎用半導体で日本に完全に敗れたインテル社が会社更生法適用寸前の状態になり、一大方向転換を図っている。その成果が、前述のペンティアム・プロであったことはご存じのとおりであり、現在ではIT産業の中核企業として見事によみがえった。一方、日本の半導体産業はこの時期あたりを境目に凋落の一途をたどり、完膚なきまで韓国・台湾に敗れ去っていったのもご存じのとおりである。

10年先予測ツール

10年前までさかのぼって年表をじっくり読んでいくと、この10年間の流れとその結果が目の当たりに見えてくる。最後に、超現代史の定義③この先10年間に起こることを正確に洞察する、とは、この10年間の流れを正確に把握、総括したうえで、その延長線上として、これから先10年を見通すことである。[50)]

この方法でやれば、ベクトルが絞られたこの先10年が見えてくると思う。さらにもう少しスパンを広げて、1964年の東京オリンピック前後での日本の変化、1988年ソウルオリンピック前後での韓国の変化を年表に付け加えると、2008年にかけてこれから中国で起こっていくであろう出来事が見えてくるような気がしないだろうか。

これが「超現代史」というツールである。本章の冒頭で述べたように、新規製品開発・新規事業開発でもっとも重要な点は先を読むことである。正しく先を読み、正しい目標設定がされていれば、あとは努力すれば必ず成功する。そのためにも、この「超現代史」というツールを有効に使っていただきたい。

お役立ちメモ

47)
すこし昔のことは意外と覚えていないもの。しかし、ちょっとしたヒントでその前後のことまで思い出したりした経験は誰にでもあるのではなかろうか。

48)
ロバート・スティックゴールド博士のグループが、テトリスを使って睡眠が脳の中で新しい情報を整理するのに役立っている、という結論を導いている。

49)
Windows 95。深夜の秋葉原にたくさんの人々が行列している映像をテレビで見た記憶がある。あれからまだ10年しか経っていないとは驚きである。

50)
10年周期というと、経済学のジュグラー循環が頭をよぎる人もいるのではなかろうか。ジュグラー循環は設備投資の関係で、10年周期で景気が循環するという学説。

あとがき

リチウムイオン電池は日本が生んだ新技術であり、世界中のＩＴ機器の電源として使われている。日本が技術立国として世界に通用していくためには、こうした新規技術を次から次に世界へ向け発信していかなければならない。この新規技術開発を成功させるには、いくつかの要件が必要である。

リチウムイオン電池の開発に携わってきた私の経験談をまとめさせていただいた本書から、その成功要件を読み取っていただければ幸いである。

そういった観点から、今もっとも重要なことは、この先世界がどうなっていくのか、その中で日本がどうなっていくべきなのか、ということを真摯に考えていくことだと思う。10年先を見通すのは一見難しいように思うだろうが、決してそうではない。本書第13章で紹介した「超現代史のススメ」はそのためのツールである。この10年間に起こった出来事を正確に把握し、その一つ一つの出来事の因果関係を理解できれば、この先10年に起こることは見えてくるはずである。

この先10年を正確に見通すことは新規技術開発の原点である。本書がきっかけとなり、日本初の新規技術が次々と生まれ、世界を制覇していくことを期待したい。

最後に本書刊行にご理解いただいた旭化成株式会社、旭化成エレクトロニクス株式会社をはじめとする旭化成グループの方々、リチウムイオン電池の開発にともに携わっていただいた多くの方々に謝意を申し上げます。

２００４年８月吉日

吉野　彰

リチウムイオン電池が未来を拓く
発明者・吉野 彰が語る開発秘話
(B1197)

2016年10月11日　第1刷発行

著　者　吉野　彰
発行者　辻　賢司
発行所　株式会社シーエムシー出版
東京都千代田区神田錦町 1-17-1
電話 03（3293）7066
大阪市中央区内平野町 1-3-12
電話 06（4794）8234
http://www.cmcbooks.co.jp/
印刷・製本　日本ハイコム株式会社

ISBN978-4-7813-1182-1　C0254